东方新经济
DONGFANG XINJINGJI

まるわかり！人工知能最前線2018

一本书读懂
人工智能

[日]《日经 xTECH》《日经计算机》 松山贵之◎编

郝慧琴　刘　峥◎译

人民东方出版传媒
People's Oriental Publishing & Media
东方出版社
The Oriental Press

目　录

◆ 本书将刊登在《日经 xTECH》《日经计算机》杂志、《日经信息策略》杂志上的文章经修改整理后出版。书中的公司名称、登场人物的单位、职位以及观点都是采访当时的情况，在此声明。
◆ 本书中的公司名称、商品名称都是各公司的注册商标或者商标。书中省略了（R）、TM 等。
◆ 本书内容基于采访当时的信息整理而成，出版时，相关内容有可能已经发生变化。另外，虽然我们对书中的内容作了充分考虑，但是，因使用本书内容而发生的任何事情，作者以及出版社将不负任何责任。特此声明。

第 1 章

AI 世界的全貌

导图 人工智能 100

从理论到实践，从研究到应用。

以深度学习为核心的人工智能（AI）"第 3 次热潮"不断升温。

国家与企业都在转舵，寻求 AI 帮助决策、提高生产效率的神奇效果。

领跑者们已经开始取得初步成效。

在 AI 已经开始应用于各行各业、一切领域的今天，我们来探究 AI 正日益改变的世界全貌。

发展至 2045 年的人工智能相关动向

2045

人工超智能？

⋮

2030

通用人工智能应用？

⋮

2020

东京奥运会

⋮

——— AI 应用在特定领域发展

预测 2020 年以后可能实现的事例

- 正式在自动驾驶及 ITS 交通系统普及应用，减少事故发生
- 将 AI 应用于新药研发的制药企业增加
- 能够完全把握人、物、信息的流动
- AI 与人类的自然对话成为可能
- 以 AI 分析开放数据，应用于政策形成
- 对设计等脑力工作的生产效率及对脑力共同行动贡献度的测评手法确立
- 机器翻译进入应用领域
- 普遍应用于优化接待顾客、店铺运营等操作
- AI 具有一些自动决断权

预想

- AI 热潮持续
- 围绕深度学习的应用实例增加
- 工具及云端的丰富化，使 AI 更加容易利用
- 3 级自动驾驶汽车出现

2017 年

2016

"第 3 次 AI 热潮"升温

- 围棋 AI 战胜专业选手
- 与 AI 相关的 3 省合作开始
- 2 级自动驾驶汽车普及
- 国内大企业投入生产 AI 产品并构建服务体系
- 纷纷将 AI 引入业务系统

ITS：高速道路智能交通系统
出处（2020 年以后可能实现的事例）：
总务省信息通信政策研究所
"ICT 智能化影响"

总论　从热潮转向应用的决胜之年

掀起人工智能（AI）热潮的 2016 年过去了，进入了 2017 年。
预测热潮今后仍会持续，企业将更加正式投入对 AI 的应用。
AI 的现状是怎样的？如何应用对自己企业才最有效？
无论是用户企业还是供应商企业，都有必要认真研究这些问题。

在 2016 年 11 月 29 日举行的"应用 AI 的综合癌症医疗系统研发项目"的发布会上，国立癌症研究中心研究所的间野博行所长自信满满地说道："医疗 AI 能够成为一个巨大产业，但日本已经滞后于欧美。这次可以说是把精英中的精英人才聚集在一起，集日本之智慧，加入世界 AI 的队列。"

AI 001
AI应用于癌症治疗，目标是2021年投入应用

国立癌症研究中心、Preferred Networks、产业技术综合研究所的人工智能研究中心发起了"应用 AI 的综合癌症医疗系统研发项目"

松尾丰
东京大学特聘副教授

日产汽车的新型日产 Serena 搭载了加速器、刹车、方向盘的自动控制技术"ProPiot"

003

（松尾丰图片摄影：村田和聪）
（汽车图片摄影：中尾真二）

　　该项目除了该中心，还有在深度学习方面极具优势的 AI 风投公司 Preferred Networks（PFN）和经济产业省下辖的研究机构——产业技术综合研究所人工智能研究中心（产综研 AI 中心）参与，旨在通过产学研合作，利用 AI 技术，研发出支持癌症诊断、治疗、制药的系统，目标是 2021 年投入应用 001 。

　　在癌症治疗方面，东京大学医科学研究所和日本 IBM 使用自然语言处理和机器学习系统（Watson）的共同研究处于领军地位。PFN 的冈野原大辅副社长说："我们聚焦于'发现未知法则'，这使得我们的研究与众不同。"他说："我们没有与 Watson 竞争的意识，癌症是强敌，要战胜它，需要全人类共同携手面对。"

　　当天，发布 AI 核心服务的是富士通。他们表示从 2017 年 4 月开始将依次提供应用 AI 系统 "Zinrai" 进行图像识别 API、知识信息检索的 API（应用程序编程接口）和深度学习基础服务，并表示计划于 2018 年上市深度学习专用处理器 "DLU"。

　　富士通的常务执行董事阪井洋之承认确实起步晚于其他先行者公司，如美国亚马逊网站或美国谷歌、IBM、美国微软等，但是他强调说："只要能有效利用我社此前积累的技术，就能够提供更深入的 AI 服务，绝不逊色于其他公司。"

热潮不会终止

谷歌的围棋 AI 机器人"AlphaGo"战胜了专业棋手。此条新闻掀起了 2016 年 AI 的"第 3 次热潮",许多有识之士认为 2017 年这股热潮还将持续 **002**。

研发菜单核心处理器的 PEZY Computing 的董事长齐藤元章预测:"第 3 次 AI 热潮不会终止,不仅如此,技术进步的速度还会呈现指数型上升。"

IDC Japan 株式会社第 2 组的负责人真锅敬说:"2017 年将成为事实上的'AI 元年',在实用商务方面的应用将进一步增加。"2015 年,包含软硬件服务在内的国内 AI 市场份额只有不到 100 亿日元,但该公司预测在 2020 年将提升至 2900 亿日元左右 **003**。

在 AI 领域,现在美国企业是公认的领跑者,谷歌和微软于 2016 年 3 月提供了能够应用深度学习的云服务。谷歌发布了 5 月份的深度学习专用处理器"TPU"和 7 月份使用的被称为"量子退火"手法的量子计算机的研发计划,这两项研发都极有可能成为未来 AI 的平台。

2016 年 2 月开始正式启动 Watson 日语版服务的 IBM 将积极进军日本企业与机构。11 月金泽工业大学在支持学生教育方面引入 AI,12 月三井住友银行在防止服务器攻击方面引入了 AI。

日本也开始呈现出反击的势头,国立癌症研究中心等的发布会与富士通的发布会出人意料地在同一天举行,这就可以说是一个象征。

国家援助体制对于支持这种日本反击是非常重要的,2016 年由总务省、文部科学省、经济产业省 3 省携手合作的 AI 研究体制启动了 **004**。总务省下辖的信息通信研究机构——脑信息通信融合研究中心、文科省下辖的理化学研究所革新智能统合研究中心、经产省下辖的产综研 AI 中心,都被召集到了人工智能技术战略会议,该会议发挥着指挥塔的作用。

该会议负责人、日本学术振兴会的安西祐一郎理事长说:"我们需要在两方面开动脑筋,集中大家的智慧,一方面是能否研发全新而非复制的新技术,另一方面是能否最大限度利用既有技术。"

"AI 是破坏性的技术,它能够左右企业的竞争力。能够灵活应用 AI 的企业就能够在竞争中幸存下来。"Gartner 日本公司调研部门副总裁兼最高级分析师亦贺忠明先生这样明确说道 005 。

2017 年，能否有效应用 AI，将是日本 IT 企业和应用企业的课题。

深度学习占 AI 技术的两成

第 3 次 AI 热潮的象征就是深度学习 006 。从大量数据中自动抽取出共同特征是其最大的优点。

从数据中抽取出特征的算法，在此之前需要人类的设计。如果利用深度学习，这项作业将可置换为数据的学习。"因此深度学习将引起破坏式创新。"DWANGO 的 AI 研究所所长山川宏说。

> **AI 006**
> 第3次AI热潮的象征就是深度学习

深度学习正在向产业应用发展。"自 2017 年 4 月开始，我社上市的所有施工器械均应用了 AI 功能。"施工器械的大型企业大隈公司的常务董事家城淳如此宣称，据说利用深度学习实现了检测功能。

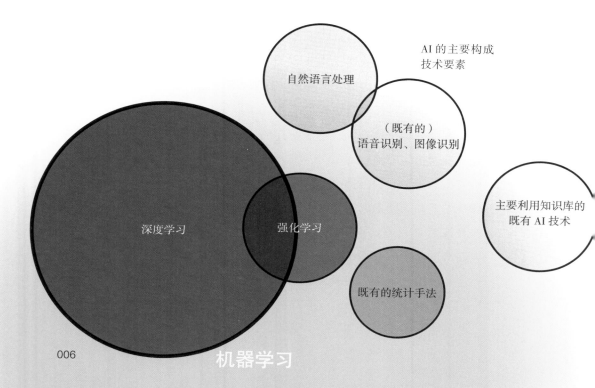

自然语言处理

AI 的主要构成技术要素

（既有的）语音识别、图像识别

主要利用知识库的既有 AI 技术

深度学习

强化学习

既有的统计手法

机器学习

AI 007
能够具备与专家同等的检测
异常水平

AI 008
被称为AI技术的八成是传统IT

AI 009
传统的AI技术根据用途也能
有效应用

家城先生说："施工器械的细微异常，原本是需要专家检测发现的。通过 AI 能够检测这种异常 007 。"

但现在被称为 AI 的技术不限于深度学习，第 3 次 AI 的先锋人物、东京大学的松尾丰特聘副教授说："AI 领域很宽，可以分为以深度学习为核心的技术和自然语言处理或其他机器学习等传统 IT，与深度学习相关的部分只占整体的两成，剩余的八成都属于传统 IT 008 。"

传统 AI 手法的应用也在发展。"我判断，将多种 AI 手法组合的混合型 AI 手法很有效果。"九州大学工业数学研究所的穴井宏和教授对九州大学和福冈县系岛市、富士通研究所共同研发的移居愿望者与系岛市的匹配系统做了这样的说明。

该系统根据移居愿望者的属性，能够显示出系岛市 163 个居住区中何处最适合其移居。通过数理模型和自主的机器学习手法，再利用传统 AI 手法的规则基础，充分发挥担当者的对话技巧。"根据不同用途，即使是传统手法也可以充分应用。"穴井说 009 。

无论是应用企业还是志在展开 AI 业务的供应商企业，都需要有能力去探索发现 AI 实力。

设想 2030 年，3 省携手 AI

安西祐一郎 日本学术振兴会理事长（人工智能技术战略会议议长）

AI 010
AI提升产业的国际竞争力

国家正在将 AI 当作提升产业国际竞争力的方法之一 010 。总务省主要负责通信系统，文部科学省主要负责基础信息科学和数理科学等，经济产业省主要负责硬件、软件等相关制造为中心的研发，如果 3 省能够合力，有效发挥自己的力量，我想将能够给产业界提供充分的支持。

2016 年明示 AI 研发的产业化路线图是一个巨大目标。预测一下，关于劳动生产率、健康、医疗护理、空间移动、安全等主题，在社会实际安装方面将需要怎样的 AI 技术、数据和硬件等外围技术。

现在预测的是 2030 年的社会。两三年后的应用技术，只要交给企业就可以了。

根据预测结果来制作产业化的路线图。推进产业化发展，增强竞争力，为技术开发提供援助，我们希望能发挥这样的作用。3 省的历史及负责的内容各不相同，可能多少需要一些时间来磨合，但希望协商能紧锣密鼓地展开。 （谈话）

（摄影：陶山勉）

实例　无所不在的 AI 应用

> 工厂生产线、股票交易、农家、便利店、旅馆、医院……
> 向以深度学习为核心的 AI 挑战的企业和机构纷纷登场。
> 使费时费力的作业更加有效率，发现人类难以察觉的现象。
> 缺少 AI 则企业寸步难行的时代终将到来。

"机床能够自动检测人类操作员难以觉察的异常，并告知人类。"机床创制者 Okuma 株式会社的家城先生这样说。

该公司从 2017 年 4 月开始在控制机床的 CNC（计算机数值控制）装置中搭载了应用深度学习的带有异常检测功能的 "OSP-AI"，该装置每年约上市 8000 台，所有装置都搭载了 AI 应用 **011** 。

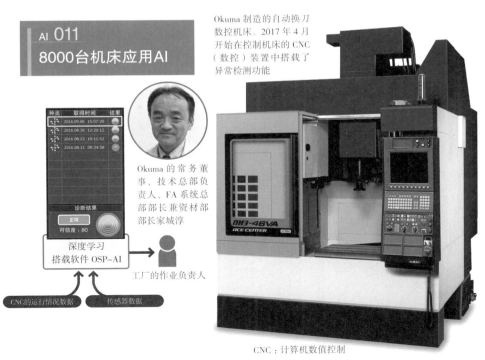

AI 011

8000台机床应用AI

深度学习
搭载软件 OSP-AI

工厂的作业负责人

CNC的运行情况数据　传感器数据

Okuma 的常务董事、技术总部负责人、FA 系统总部部长兼资材部部长家城淳

Okuma 制造的自动换刀数控机床。2017 年 4 月开始在控制机床的 CNC（数控）装置中搭载了异常检测功能

CNC：计算机数值控制

（左、右图由 Okuma 提供）

丘比的渡边龙太执行董事生产总部部长

利用 AI，能够检测出螺丝、轴承等制作器械部件的细微异常，以人眼难以判别，从前只能靠技术人员根据声音来确认。"但即便是有经验的技术人员也只能是在安静的房间里全神贯注侧耳倾听，才能发现这些异常。"家城先生说。如果对异常放任不管，则机床会产生故障，最终停止运转。

掌握 AI 关键的是 CNC 的运转情况、内部传感器获取的温度、振动等数据，通过深度学习对这些数据进行分析，就能够判定异常。家城先生说："CNC 形成的数据是宝贝 **012** 。"

AI 在检测出异常后，会立即向相关人员发出预警信号。该公司虽然并没有详细介绍深度学习的相关内容，但家城先生说要比其他手法精确度更高。接到预警的技术人员再根据信息做最终判断 **013** 。

AI 替代部分肉眼作业

丘比在 2016 年 9 月，为防止异物混入蛋黄酱或沙拉酱等食品制造生产线，开始利用深度学习进行检测 **014** ，以检测原材料中是否附着有尘土或其他异物。

过去是负责管理食品质量的工作人员以肉眼来检测是否有异物混入，

AI 015 AI能够24小时运转	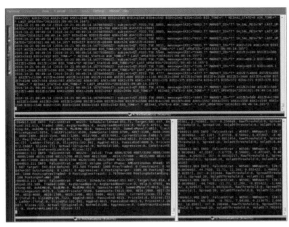
AI 016 通过云端横向发展深度学习功能	
AI 017 通过深度学习预测算法交易的波动	

野村证券的利用算法交易系统"ModelEx"的屏幕，以东京证券交易所市场数据和 AI 预测为基础进行交易

现在则以应用 AI 的质量管理系统替代其中一部分作业。"有明显异物混入时，由 AI 可以判定。而更加难以判定的情况，再依靠人类检测员。"执行董事生产总部部长渡边龙太这样设想 AI 的应用。

与肉眼检测相比较，应用 AI 除了能够提升检测速度，还有望减轻相关工作人员的负担。"因为应用 AI 系统，可以 24 小时作业。"渡边先生说 **015** 。

系统是利用谷歌的深度学习框架"TensorFlow"来构筑的，以拍摄的原材料的视频数据对其训练。

渡边先生说，之所以选择 TensorFlow，"是因为考虑到它与云服务的匹配"。该公司的工厂在海内外有 80 多处基地。考虑到质量管理系统的横向展开，渡边先生说："我们判断使用云环境形式更合适 **016** 。"

对股票的预测精确度翻倍

在金融领域也在展开对深度学习的应用。野村证券应用了使部分股票交易自动化的算法来预测股市波动 **017** 。

利用 PFN 的深度学习框架"Chainer"，2016 年 5 月，装置了面向机

构投资者的算法交易系统"ModelEx"。AI预测5分钟后的股价波动以进行交易。原田大资副总裁说:"目的是为了防止使市场价格产生巨大波动的交易。"

从前是运用统计手法的线性再回归做预测。南本拓矢副总裁说:"根据条件不同结果也不同,但有时会获得2倍于传统方法的精确度 018。"

学习中,利用了半年到1年的股票交易数据,利用大约10种变量,通过深度学习决定最佳函数波形。

投资基金使用的系统也开始应用 AI。三菱 UFJ 信托银行自 2016 年 3 月开始实验性导入 AI。AI 查明股市市场的上升形式后给以提醒 019。

除了股票价格变动,还使用可能会给股市市场带来影响的投资者心理指数或有效雇佣倍率 020。学习的精确度随着不断地应用而不断提升,通过模拟,6 年间应用成绩出现大约 40% 的差异 021。

深度学习热潮波及农家

深度学习也影响到了农业。"制作费用 10 万日元以下。正在研发能够判定黄瓜等级,并自动进行分类作业的系统 022。"小池诚先生说,他曾做过编程技术员,和父母在静冈县湖西市共同种植黄瓜。他正在研发利用深度学习框架 TensorFlow 的分类作业系统"CUCUMBER-9"。

装置于系统内的相机会拍摄放在分类作业台上边的黄瓜,利用 TensorFlow 的 AI 系统从图像中抽取"长度""弯曲状况""粗细度"等特征,自动分为 6 类。

图像数据大小是长 80 像素、宽 80 像素。使其学习大约 9000 份黄瓜图像数据。小池先生说："判定的精确度大约达到七成的程度，还需要进一步改进。"

小池先生指出存在的问题："图像数据质量如果不均匀，会影响精确度。"昼夜光的变化会使图像亮度发生变化，如何收集稳定质量的图像数据是关键 023 。

系统所使用的零部件及器械均是在市场上购买的。相机大约 2000 日元，电脑是大约 3 万日元购得的二手货。分类作业所需要的传送驱动是利用小型计算机主控板"Arduino"。 CUCUMBER-9 的程序在源程序管理服务"GitHub"上公开。"希望有更多人使用它。"小池先生说 024 。

以 9000 份黄瓜图像数据进行训练的分类作业系统"CUCUMBER-9"。将黄瓜放在作业台上，就被自动分为 6 类。

在静冈县湖西市与父母共同种植黄瓜的小池诚先生，曾在汽车零部件制造公司担任编程技术员

AI 022
以不到10万日元自己制作黄瓜分类作业系统

AI 023
是否能够收集到具有一定质量的图像数据是关键

AI 024
公开自制程序的源代码

装有深度学习的监视用摄像机也出现了 025 。由法国创业公司 Netatmo 研发，在日本市场有售。

AI 025
深度学习亦应用于监视摄像机

AI 026
以平板电脑的处理能力即可
充分运转的例子

Netatmo 开发的应用深度学习的监视摄像机
"Presence"，在日本的家电批发销售店有售

监视用摄像机"Presence"能够自动判别通过深度学习拍摄到的图像中的人物、动物、车辆。该公司的首席运营官马修·布莱德威认为："依靠平板电脑搭载的 CPU 演算处理能力，利用深度学习的图像识别软件能够充分运转。"Presence 的处理能力与"美国苹果公司的 iPad 不相上下"，马修·布莱德威首席运营官说 026 。深度学习的算法是该公司自己研发的。

利用深度学习完善食谱

甜品店 esprit de esprit 利用深度学习制作果酱煎饼食谱 027 。该店仅限于 2016 年 6—11 月营业。"我们提供即便不爱吃甜食的人也会喜爱的果酱煎饼。"店长并木悠佳说。

esprit de esprit 自主开发了能够自动决定果酱煎饼的生面与奶油比例的 AI 系统。让系统学习了在网络公开的几十万份食谱。

AI 系统从学习结果中输出将小麦粉或砂糖等分配比例与对食客喜好的预估分数相结合的结果，通过将预估分数与食客给实际吃过煎饼所打的评价分数进行比较，不断完善系统模型，以使二者更加接近 028 。

反复重复以上作业。"请百人试吃的结果，就研制出 86 人认可的果酱煎饼食谱。"并木说。

AI 027
深度学习还可应用于食谱制作

AI 028
预估食客喜好改善食物味道

提供 AI 制作食谱的果酱煎饼的
esprit de esprit 店长并木悠佳

便利店也开始引入 AI 应用。用智能手机的相机拍摄饭团或三明治等商品后，就能显示出原材料、过敏性等信息，Seven&I 控股公司正在研发这种应用 029 。计划于 2017 年度先行应用于部分商品。

该系统能识别用智能手机拍摄的 Seven&I 的标志图案的图像数据，在商品包装上，印有包含商品信息数据库（DB）和带绳子的水印，将这个水印与事先登录的数据库信息相对照。

"仅靠图像识别技术，如果拍摄角度不正，就不能与商品信息进行对照，很难付诸实际应用。"Seven&I 的粟饭原胜胤执行董事说。因此，采用了能够从多角度识别图片数据的 AI，这就是 NTT 研发的"角度自由检索物体技术"。

通过该技术，以智能手机拍摄的图像数据为基础，能够判别商品的倾斜角度，即使倾斜 45 度拍摄也可以识别水印 030 。

Seven&I 旨在以此应用面向 2020 年东京奥运所能带来的海外游客。饭团或三明治的商品信息，以英语、中文等 15 国语言显示，以满足那些因不了解原材料信息以及过敏信息而犹豫不敢购买的游客需求。

以智能手机拍摄下 Seven&I 的标识，就能显示出商品的原材料或过敏性等商品信息[1]

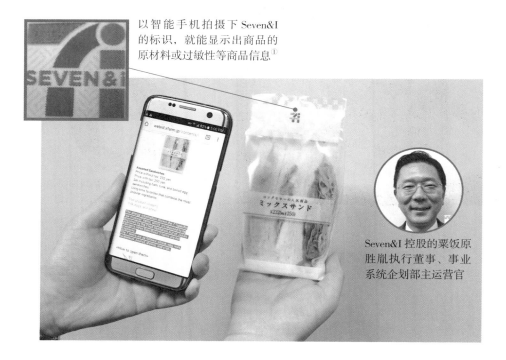

Seven&I 控股的粟饭原胜胤执行董事、事业系统企划部主运营官

瞄准入境游客应用 AI 的不仅有 Seven&I，旅行社的近畿日本观光社于 2017 年 1 月开始面向旅馆和酒店提供应用 AI 的多语言聊天

AI 031
AI通过对话为入境游客提供向导服务

服务 **031**，包括英语、汉语、韩语、日语的服务。

咨询的内容，使用自然语言处理进行解析。对于"旅馆的登录方法""和风房间与西洋式房间有何不同"等咨询，能够提供回答。

---

① 图片详细信息不做翻译。

近畿日本观光的执行董事安冈宗秀说道："由人工接线员回答所有的咨询，非常麻烦。对于不会带来住宿率提升的简单咨询，可以使用 AI 进行回答。"AI 无法回答的咨询，再由人工接线员进行应答 032 。

福冈县最西部拥有大约 10 万人口的系岛市与九州大学、富士通研究所合作的目标，是应用 AI 促进居民的移居 033 。

AI 032
对人工接线员形成补充

AI 033
AI促进居民移居地方城市

AI 034
癌症病因不明时询问AI

根据性别、年龄、是否有车、本人意向、有无未上学的儿童等申请移居人的属性，从 163 个行政区中推荐移居目标地。"希望将该市的移居相关负责人所具有的能够引导申请人说出真正意向的聊天技术也装入 AI。"九州大学的穴井教授说。

在 AI 系统中，利用了表示移居申请人属性与喜好关系的数理模型。穴井先生说："模型在统计手法的回归分析模型或市场营销的选择模型上，加入了自己特有的手法。"模型通过机器学习不断进行修正，相关负责人的技术也计划以"如果……那就……"的规则基础装入系统。

系岛市因自然丰富、距离福冈市中心只有大约 30 分钟车程而受到移居意愿者的欢迎，据穴井先生说，移居申请人数在增加。希望通过 AI 减轻相关人员的工作负担，并降低与申请人意愿的不匹配率。富士通研究所人工智能研究中心的中尾悠里研究员说："持续实施机器学习，匹配度以令人吃惊的速度明显提升。"

帮助医生与研究人员

"当找不到癌症的病因时，向 Watson 询问成了理所当然的事 034 。"东京大学的医科学研究所人类基因组解析中心负责人宫野悟教授说。宫野教授于 2015 年 7 月开始使用美国 IBM 提供的能够回答提问功能的云服务

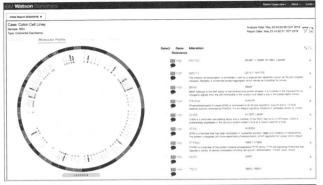

根据过去的论文数据库，提示可能是癌症病因的遗传基因，并推荐可能有效的药物。

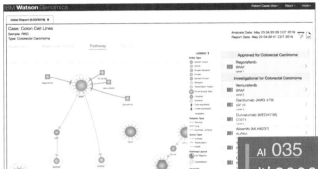

东京大学医科学研究所宫野悟教授
人类基因组解析中心负责人
（上、下图由宫野悟提供）

AI 035
以2000万篇以上的论文、1500万个以上的专利数据实施训练

AI 036
10分钟找到有可能是癌症病因的遗传基因

AI 037
从电子病历预测患者摔倒的可能性

Watson Genomic Analytics（WGA）。

该服务收集了大量关于医疗研究的论文和相关专利的资料，对于使用者的提问，能够提供准确率很高的答案。自开始使用，经过了2000万篇以上的论文概要、1500万个以上的医疗相关专利数据的训练 035。"那是人类从医者或研究人员一辈子都无法阅读完的数据量。"宫野教授说。

宫野教授使用大肠癌的实验数据验证了 WGA 的性能。"只花了 10 分钟就找到了有可能成为癌症病因的遗传基因。"宫野教授说。如果靠人力来查，需要花两个月的时间 036 。

医生和研究人员并非将 WGA 的结果原样用于治疗。"对于所提示的结果，会对其根据进行分析，最终还是由人类来做判断。"宫野教授说。

WGA 会将有可能是病因的遗传基因，连同作为根据的论文数据

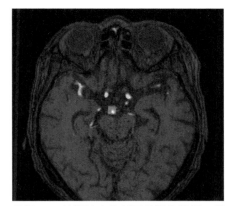

根据 MRI 拍摄的大脑断面的图像数据，利用深度学习判别脑动脉瘤

（图片由 LPixel 公司提供）

AI 038
利用深度学习判别脑动脉瘤

进行提示，还会推荐对病因遗传基因有效的药物。"就类似推荐网页的作用。"宫野教授说。

在医疗领域，AI 应用的推广速度正在加快，医疗机构或研究机构所收集、积累的数据在与风投企业开发的深度学习算法相结合。

开发自然语言识别技术的 FRONTEO 及其子公司 FRONTEO 健康护理公司正在开发预测住院患者是否会发生摔倒事故的一个预测系统，与 NTT 东日本关东医院合作研究，将于 2017 年 3 月投入应用。

分析的是电子病历中所记载的文本数据。查找过去在医院摔倒的患者的电子病历，找到倾向性，对现在住院患者摔倒的可能性进行定量的预测 037 。"AI 能够发现人类医生注意不到的微妙的语句或意图的差异。"FRONTEO 健康护理公司的董事长池上成朝说。

初创企业 LPixel 利用深度学习，正在进行能够发现引起蛛网膜下腔出血的"脑动脉瘤"的研究 038 。

对经核磁共振检查拍摄的图像进行分析，该公司的岛原佑基董事长说：

"医疗中积累的图像数据在加速增加，不仅限于深度学习，期待各种 AI 能够应用于医疗领域。"

帮助学生进行课外活动选择

"有许多东西都是 AI 实际应用之后才懂得的，如果早些引进 AI，相应地就能拉开差距 039 。"金泽工业大学产学合作局副局长福田崇之说。

该大学的目标是构建一个能够促进每个学生自我成长的系统，该系统是与日本 IBM 合作利用 Watson 进行构建的。

首先希望能够实现帮助学生选择适合自己的课外活动的支持系统。该大学的特点是，对正常课程形成补充的"云服务开发""IT 应用设计协创"等十分活跃的课外活动。"从大一学生到研究生，各个研究室和各系学生都能参加。"法人总部的泉屋利明副部长介绍说。

着眼点放在学生在课后提交的调查问卷。系统能够对课程的理解程度进行定量化处理，但无法处理评论栏的信息。"从这种非结构化的数据，难道不是能够得到启发吗？"福田先生对此寄予期望 040 。项目预计花费 4 年，预计在 2017 年 3 月在某些领域能够见效。

技术　深度学习基础的提升

AI 的代表性技术即深度学习，它通过各种用途不断扩展应用。

高效开发和导入深度学习的框架也不断得到完善。

为提升 AI 的速度，使机器更适合导入 AI，软硬件都在不断改良中。

在未来，将有更接近，甚至超越人脑的"通用 AI"。

AI 041
通过深度学习获得"眼睛"

"通过深度学习，我们获得了'眼睛' 041 。"对于带来第 3 次 AI 热潮的关键要素深度学习，东大的松尾先生这样形容。

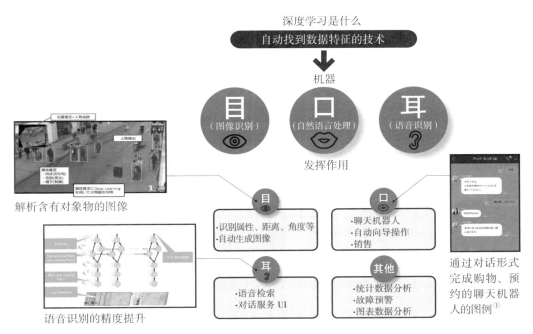

深度学习是什么

自动找到数据特征的技术

机器

目
（图像识别）

口
（自然语言处理）

耳
（语音识别）

发挥作用

解析含有对象物的图像

语音识别的精度提升

目
·识别属性、距离、角度等
·自动生成图像

口
·聊天机器人
·自动向导操作
·销售

耳
·语音检索
·对话服务 UI

其他
·统计数据分析
·故障预警
·图表数据分析

通过对话形式完成购物、预约的聊天机器人的图例①

（左上图由 Preferred Networks 提供，左下图由 Preferred Infrastructure 提供，右图由 LINE 提供）

① 图片详细信息不做翻译。

人类对自己亲眼看到的现象，认识为"那里有只猫""那人在笑"，从前如果想通过计算机来实现人类的这种认识，人类需要设计"如何通过图像识别猫""如何判断人在'笑'"这样的处理程序。

利用多层神经网络的深度学习，在学习数据后，能够自动生成处理模型的结构 042 。DWANGO 的山川先生说："以学习替代设计作业是突破性进展。"

语音识别或自然语言处理的利用也在加速

深度学习应用的最强项是图像识别。正如实例篇所看到的，这类应用占主流。识别精度不断提升，2015 年"已超越人类能力"成为热议话题 043 。美国微软研发的深度学习手法"Deep Residual Learning（ResNet）"已达到误差率 3.57%，超越人类识别图像时的误差率 5.1%。

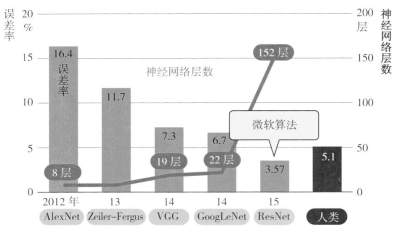

（出处：《日经计算机》根据微软调查的资料制作）

应对自动驾驶的意外事故

在图像识别相关的深度学习的应用领域，最受到人们期待的就是自动驾驶。

自动驾驶车辆需要能够应对车载传感器无法掌握的从隐蔽处突然飞驶出的车辆或首次遇到的意外情况等。丰田汽车的安全技术企划部主管葛卷清吾先生说："行驶情况的近九成，都能够通过规则基础的共通算法来应对。"问题就是剩余的一成情况。必须能够预测和判断意料之外的危险，并迅速应对。

如果应用深度学习的图像识别，就能够通过车载摄像头对周围的车辆、自行车、行人等以高精度进行识别，预测可能发生的情况。以对象物的属性对其训练，对停在路边的出租车或公交上突然打开车门或有人突然从中跳出等危险的预测也成为可能。德国宝马、Denso 等汽车公司正在投入研发具备应用深度学习的图像识别功能的车载摄像头 044。

下一步就是实时预测周围情况，并能够进行判断，采取最恰当的行动。现在付诸应用的是自动刹车这样临时回避危险的功能。在自动驾驶中，虽然需要能够自动控制方向盘以避免危险的技术，但此时也需要具备更高的预测技术，以防止开到对面行驶车道后发生二次事故。

丰田汽车与 Preferred Networks、NTT 在 CES2016 展示通过 AI 学习相互不碰撞的模型

AI 044
在车载摄像头中搭载深度学习的图像识别功能

DENSO International America 的坂东誉司经理说："现在通过连续数据预测 3 秒之后的事态是极限。"如果利用深度学习，有望能够提升对周围不确定性的预测精度。坂东先生说："如果能够预测 10 秒之后的事态，则安全性就大大提高了。"

在汽车控制系统利用深度学习的实例也开始出现了。PFN 于 2016 年 1 月与丰田汽车和 NTT 集团共同公布了汽车模型自动习得相互不碰撞的技术，在深度学习基础上，再利用不断试错强化学习的学习方式。

最初让模型车自由行驶，通过进行避免碰撞顺利行驶的训练不断试错，最终能够自行控制不碰撞。

除图像识别以外的深度学习应用实例也在增加。语音识别方面："单词错误率（WER）下降到了 5.9%，而人类的 WER 接近 4%。"日本微软公司的执行董事最高技术责任者榊原彰先生说。

自然语言处理的发展

近来引起关注的是自然语言处理的应用。谷歌于 2016 年 9 月，微软于同年 11 月将深度学习应用于翻译服务，使准确度大幅提升，这成为当时的热门话题。据微软说："实现了比现有的统计机器翻译更高品质的翻译，有些语言的翻译甚至达到了与人类翻译同等水平 045 。"在语句翻译时由于把握了文脉，使得翻译更加自然。

AI 045
实现比统计机器翻译更高的质量

"自然语言处理中较难的是获取使用者的意图。"NTT 沟通应用及内容服务部的熊谷彰齐科长说。

该公司于 2016 年 10 月开始把对话型引擎"COTOHA"投入商业化使用，应用统计学手法再结合机器学习和深度学习的结构，从而能够准确把握文脉含义。

通过训练数据和应用深度学习的文脉分类，能够把握道歉、感谢、寒暄等文章整体的含义，使自然的应答成为可能。为达到对文章详细的理解，使用了词素解析、文脉接续解析、谓语结构解析等既有的自然语言处理的手法。

AI 046	AI 047
通过OSS和云服务降低使用门槛儿	深度学习框架使深度学习更容易
AI 048	AI 049
TensorFlow可在各种环境使用	Chainer适用于深度强化学习

通过 OSS 和云服务使应用更便利

即便懂得深度学习的用处，如果应用的门槛儿过高，人们也很少出手使用。这时，使以深度学习为核心的 AI 更加方便应用的开放源代码软件（OSS）和云服务就相继出现了 046 。

使用 OSS 或云服务，即使 IT 技术员不一点点描述程序，也能够研发应用 AI 的系统。实际应用深度学习时，"深度学习框架"是主要工具 047 。

最有名的是谷歌于 2015 年 11 月公布的 TensorFlow 和 PFN 于同年 6 月公布的 Chainer。二者都是作为 OSS 提供免费使用。

TensorFlow 的特点是，除了能够构建深度学习以外的机器学习系统，还能够在各种环境下使用 048 。除应对多个 GPU（图像处理器）之外，在个人 PC 和移动终端也能应用。

Chainer 的特点是在深度学习上使得利用神经网络的设计更加容易。适合不断反映工作结果又通过不断试错进行学习的深度强化学习 049 。

深度学习以外的框架也相继出现。最近受到大家关注的是支持构建聊天机器人的框架 050 。

AI 050
支持构建聊天机器人的框架也出现了

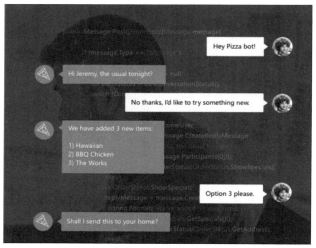

可订购比萨的聊天机器人，利用构筑聊天机器人的支持软件，
美国微软 Microsoft Bot Framework 开发出的聊天机器人

（图片由日本微软提供）

聊天机器人是通过应用程序与 AI 进行对话，提供从购物、活动预约到约车的各种服务。微软和美国脸书等公布了聊天机器人使用的框架，使得开发更加便利容易了。

主要深度学习框架的实例

名称	主要研发者	主要语言	网络设计	特点
Caffe	美国加利福尼亚大学伯克利分校	C++	设定文件（prototxt）	擅长图像识别
Chainer	Preferred Networks	Python	语言内 DSL（域名固有语言）	便于神经网络的构建，擅长边缘用途
CNTK	美国微软	BrainScript/C++/Python	语言内 DSL	能够快速学习，可利用多 GPU
TensorFlow	美国谷歌	C++/Python	语言内 DSL（Python）	可利用多 GPU
theano	加拿大蒙特利尔大学	Python	设定文件（YAML）	自动微分组织
torch	美国脸书 美国谷歌 美国推特等	Lua	语言内 DSL	由 LuaJIT 实现高速化

主要云 AI 的种类和特点

名称	研发者	特点
Amazon Machine Learning	美国亚马逊网站服务	专用于特定用途，面向分组或预测
Azure Machine Learning	美国微软	API 种类丰富，预测分析是优势
FUJITSU AI Solution Zinrai 平台服务	富士通	为 30 种 API 提供多需求 AI 功能（预计 2017 年 4 月）
Google Cloud Platform 的 AI 功能	美国谷歌	专用于图像识别、自然语言处理等部分用途
IBM Bluemix(Watson API)	美国 IBM	能够使用擅长自然语言处理的 Watson 的 API
Salesforce Einstein	Salesforce	分析营业或市场营销业务中收集的数据，预测顾客购买动向

API：Application Programming Interface

AI 051
云AI在API提供各种功能

AI 052
利用云AI可控制初期投资

AI 053
引进云服务前，事先试用更有效

AI 054
国产服务的长处在于优厚的支持

云 AI 也成为选择

支持 AI 的构建和运用云服务的云 AI 也在不断发展完善 051 。

云 AI 能够提供具有实现图像识别和语音识别 AI 功能的 API，以及收集分析数据、进行学习等一系列作业的平台。除能够帮助在没有高度专门知识和技能的情况下也能构建 AI 系统之外，还能使控制初期投资软件的研发成为可能 052 。

现在，能够利用的云 AI 有很多，诸如微软的 Azure Machine Learning 或 IBM 的 IBM Bluemix（Watson API）、亚马逊网站服务的 Amazon Machine Learning 等海外公司的产品。能够使用的机器学习的手法（算法）或 API 各不相同，所以最好要实际试用，以确定哪个适合自己公司的需要，哪个更好用 053 。

富士通在预定于 2017 年 4 月提供的 AI Solution Zinrai 平台上，根据不同使用目的，准备了 30 种 API，旨在不断完善支持研发的服务和援助，以有别于领先发展的海外势力 054 。

众多高速化技术的出现

以深度学习为核心的现有 AI，以处理大量的数据为前提。担任 AI 学会会长的国立信息学研究所（NII）的山田诚二教授说："如果没有硬件的发展，就没有 AI 的发展 055 。"想要实行深度学习这样复杂的算法，GPU 等处理器性能的提升不可或缺。

在如智能手机这样处理器性能有限的环境下实现高程度的 AI，就需要算法的高速化 056 。在算法上下功夫使 AI 运转不断提速的技术，这一两年层出不穷。

三菱电机于 2016 年 10 月发布的面向嵌入式设备的深度学习算法中，设法减少神经网络的计算过程，既保持了精确度，同时使学习时间和所需存储量缩减至 1/30 057 。

该公司信息技术综合研究所的三嶋英俊先生介绍说："之所以能够使处理器实现高速运转，是因为限制了神经网络的连接次数。"他说由于不需要

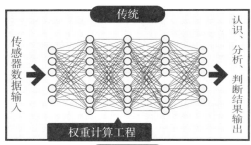

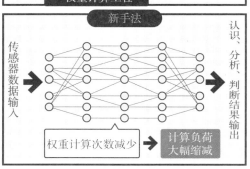

三菱电机面向嵌入式设备的深度学习算法

<table>
<tr>
<td>

AI 057

学习时间和存储量缩减至
1/30
</td>
<td>

AI 058

可快速捕捉大致特征的AI
</td>
</tr>
<tr>
<td>

AI 059

用于监视用摄像及物联设备
的设想
</td>
<td>

AI 060

为适应AI高速化服务器的高
性能化愈演愈烈
</td>
</tr>
</table>

高价的服务器，所以有望在车载摄像头等方面得到应用。

日本 IBM 和东京大学研究生院工学系研究科的广濑明教授从事的研究是"右脑型 AI"，与深度学习一样是使用神经网络，但比深度学习能更快捕捉对象的大致特征 058 。

应用于图像识别时，对对象与其他物体的区分精确度达到九成，以从前的手法，计算量和所消耗电力指数型增加的地方，据说可以控制到一次函数的增加量。

日本 IBM 设想将此技术应用于一些不要求高精确度或处理能力和消耗电力受限的用途，例如城市中的监视摄像头或物联网设备等 059 。

新硬件的高速处理

为适应 AI 处理的高速化，服务器的高性能化趋势也愈演愈烈 060 ，在深度学习中，许多情况要使用 GPU 或 FPGA（可编程的集成电路）、专用电路等。

GPU 在深度学习的应用方面做了很大贡献。美国英伟达（NVIDIA）等半导体制造商使通用 GPU 可廉价使用，从而使多层神经网络算法成为可能 061 。

AI 061

GPU为深度学习的普及做出贡献

GPU 能够应对通用的演算处理，但消耗的电力却会增加。汽车服务器或物联网设备要求低电力消耗的性能，因此需要设计满足其计算目的的专

AI 062
低耗电使高速的并联处理在
FPGA成为可能

AI 063
模仿人脑传递信号方式实现
低耗电

用电路，这时常常使用的是 FPGA。

FPGA 是能够自由重组理论电路的集成电路。它有电力消耗低、并联电子电路进行计算、能够高速处理等优点 062 。由于能够灵活地改变设计，所以常用于集成电路试制。

NEC 数据科学研究所的山田昭雄所长说："现在 AI 计算一般采用 GPU，从 2020 年开始可能需要采用 FPGA 这样的手法了。"

模仿人脑构造

在 AI 服务器上，降低电力消耗是个大问题，因为随着演算复杂化，发热量增大，使得计算不能再实行下去，因此开始出现研发不同于传统服务器形状的半导体的动向。

东芝 2016 年 11 月公布的深度学习服务器的构造是模仿人脑的信号传递方式以降低电力消耗 063 ，据说其试制的半导体的电力消耗比传统服务器降低一半，能源效率提高约 10 倍。

东芝半导体 & 存储器公司半导体研究开发中心的出口淳参事说道："我们优先考虑如何更容易实现在需要的最低限度上模仿人脑。"

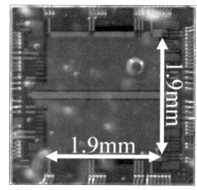

东芝开发的人脑型服务器的演算电路
（上图由东芝提供）

东芝研发的是仅改良与信号处理相关的一部分 CMOS 芯片，也有将整体计算电路全部置换为人脑神经及神经突触的动向，NEC 和东京大学在 2016 年 9 月就决定合作，准备研发模仿人脑神经"电路"的"Brain-Morphic AI"，正在研发一种电路，将来该电路与数据手法相比电力效率提高 1 万倍 064 。

适用于汽车的人脑型服务器的研究也在进行中。Denso 集团正在研发该公司内人工神经突触（记忆棒）的模拟电路。据说通过该服务器的研发，旨在将来使汽车自动判断驾驶 065 。

Denso 开发的神经计算机的专用电路板

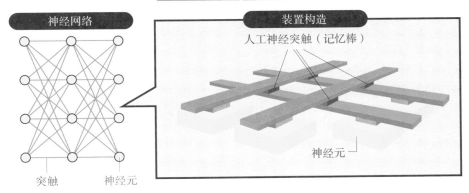

神经网络

突触　　　神经元

装置构造

人工神经突触（记忆棒）

神经元

Denso 开发的人工神经突触

预计 21 世纪 30 年代投入使用，将成为可用于自动驾驶的一项技术。汽车服务器仅允许几瓦的电力消耗，而现在的服务器只具备能实现图像识别程度的性能。

日立制作所 2015 年研发的 CMOS 芯片是基于 CMOS 技术的半导体，拥有能与量子计算机相匹敌的演算能力 066 。

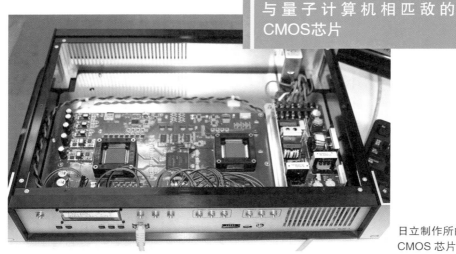

日立制作所的
CMOS 芯片

（上图由日立制作所提供）

通过该服务器能够瞬间解决冯·诺依曼计算机难以解决的最佳组合等问题，而这是量子计算机所具备的特点。观察其解决通常问题的时间，并无大的差异，但与一般电脑相比，其电力消耗可降低至 1/1800。

极致的演算性能与 AI 的融合

可预测将来能以具有超高速处理性能的服务器来处理 AI 演算。PEZY Computing 的齐藤先生设想在该公司研发的超级电子计算机中导入 AI。

"将来有可能使 AI 建立各种假说，通过模拟验证，使计算机能够揭开许多人类注意不到的现象之谜。"齐藤先生说。最终只能靠 AI 促进科学的发展067。

有望拥有超越超级计算机计算能力的，是量子计算机。大家说量子计算机的应用还是非常遥远的未来的事，但近年来情况发生了很大变化068。2011 年，加拿大的 D-Wave Systems 将量子退火方式的量子计算机投入应用。2016 年，创新研究研发推进项目（ImPACT）的山本喜久先生领导的小组研发了激光网络计算手法。

山本先生说 2017 年将开始提供可利用量子计算机演算处理的云服务，

DWANGO 的 AI 研究所
所长山川宏先生

（摄影：新关雅士）

AI 067
AI构建各种假说，模拟进行验证

AI 068
量子计算机的应用并非遥远的未来

AI 069
量子计算机与深度学习很匹配

AI 070
通用AI实现与人类相同水平的智力

由量子计算机带来的 AI 的进化正在变为现实。量子计算机擅长并联处理，与深度学习非常相配 069 。AI 学会的山田先生说："AI 与量子计算机还有很大距离，如果能够找到将二者连接的理论，将推动 AI 进一步发展。"

如果 AI 技术不断发展下去，最终就有可能实现超越人类才智的 AI。现在 AI 的主流是适用于个别用途的"特定型 AI"，但关于拥有与人类相同的通用型才智、能够适用于各种领域的"通用 AI（AIG）"的研究也已开始。

DWANGO 的山川先生关于 AIG 的实现这样说："相当于鼠类智能的 AIG 几年内就能实现了，而相当于人类智能的 AIG 可能 10 年后可以实现 070 。"

山川先生预测 AIG 即将到来，因此他组织了促进 AIG 研发的 NPO 组织"全脑结构倡议"，探讨未来相关商务的开展。他强调说："在与 AIG 相连的过程中，必须思考如何将技术转化为商务，为了向下一个阶段发展，创造一个循环系统非常重要。"

社会　导致死亡事故的 AI 是否应该问责？向谁问责？

当 AI 的发展遍及社会各个角落的时候，劳动及法律也有很大可能会随之发生变化。

人类的工作是否会被夺走，导致死亡事故的 AI 是否应该问责？

不是被盲目卷入热潮，而是要正确了解现状。

需要全社会展开讨论。

"2017 年以后，人类所不擅长的工作由 AI 分担的趋势会加速。"AI 学会的山田先生这样认为。

问题是"人类所不擅长的工作"内容。从前人们大都认为会被机器或电脑所取代的工作是那些重复性的模式化的工作，但现在人们预测 AI 也有可能会取代所谓白领们的智能型劳动 071 。

> AI 071
> 通用AI实现与人类相同水平的智力

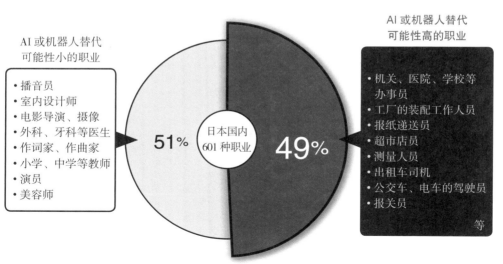

AI 或机器人替代
可能性小的职业

- 播音员
- 室内设计师
- 电影导演、摄像
- 外科、牙科等医生
- 作词家、作曲家
- 小学、中学等教师
- 演员
- 美容师

51%　日本国内
601 种职业　**49%**

AI 或机器人替代
可能性高的职业

- 机关、医院、学校等办事员
- 工厂的装配工作人员
- 报纸递送员
- 超市店员
- 测量人员
- 出租车司机
- 公交车、电车的驾驶员
- 报关员

等

（出处：《日经计算机》在野村综合研究所与英国牛津大学共同发表的 2015 年共同研究基础上制作完成。）

AI 072
日本劳动人口的49%有可能被AI所取代

AI 073
AI所取代的是操作业而非职业

AI 074
对创造新的工作与职业做贡献

野村综合研究所的高级顾问
上田惠陶奈先生

AI 的取代将加速

"日本劳动人口的 49% 将被 AI 或机器人所取代 072 。"野村综合研究所（NRI）与英国牛津大学的这一共同研究引起了很大反响。该研究将日本劳动人口分类为 601 种职业，估算出今后 10—20 年将被取代的劳动人口概率。

根据该研究，电影导演、作词家等创造崭新事物的创造性工作，或教师、美容师等需要与人进行沟通的工作将难以被取代。从事该研究的 NRI 高级顾问上田惠陶奈先生说："并非将职业囫囵全部替代，而是替代工作的其中一部分作业 073 。"

美国斯坦福大学 2016 年 9 月公布的"2030 年 AI"情况预测报告 *Artificial Intelligence and Life in 2030* 以律师的工作为例进行说明，许多律师工作是不能自动化的，但"抽取与法律相关的信息，分类整理"等工作的自动化正在展开。这就相当于取代了刚工作一年的律师的工作。

AI 所带来的劳动生产率的提高，有望解决劳动人口减少所带来的人手不足的问题。上田先生指出："将 AI 看作同事，积极让其接替一些单纯的重复性、费工夫的工作，这种态度非常重要。"

斯坦福大学的报告指出，AI 在取代一部分传统工作的同时，也有可能创造出一些新的工作和职业 074 。问题是"人们能够预测可能消失的工作，却很难想象出有可能诞生什么样的新工作"。

2045 年不可能到达奇点

山田诚二 人工智能学会会长（国立信息学研究所教授）

"科技奇点""2045 年问题"正成为热议话题，即认为到 2045 年 AI 将超越人类能力的想法。

但我认为奇点并非那么容易能够实现。起码以现在的科技发展来看，是不可能实现的。今后 30 年时间到达奇点的可能性非常低 **075**。

但如果出现百年一遇的天才科学家，也不能说没有实现的可能，因为天才能使科技进步 50 年。如果能出现两个以上的这样的天才，那么 2045 年可能能到达奇点 **076**。

回首过去 20—30 年，几乎没有出现天才科学家。但那也不能否定这种可能性。

AI 075
30年以内到达奇点的可能性很小

AI 076
出现百年一遇的天才是条件

AI 077
神经网络的结构尚未解明

原理从前就有

人们往往误认为，在第 3 次热潮中，根本原理迈进了一大步，但是神经网络等深度学习原理是从前就有的，监督式学习手法的 Backpropagation（反向传播算法），在 20 世纪 80 年代至 90 年代的第 2 次热潮中就被运用了。

可以说第 3 次热潮并非带来了 AI 算法，而是带来了 IT 基础设施的进步，庞大的数据更容易获得了，计算机的演算处理能力获得了飞跃性发展。

神经网络是使一部分大脑视觉领域简化后了的模型，能够输出正确答案的结构，尚未清晰地解明 **077**。今后将成为世界研究者的研究对象。　　（谈话）

（摄影：陶山勉）

判断公司职员的适应性

AI 也在被引入业务系统的领域 078 。AI 可以通过预测输入作业提高效率，分析数据以帮助人类进行判断。

例如，分配和录取人才等与人事相关的业务，这不是模式化的单纯工作，传统上是依靠负责人事的工作人员设置的判断标准及其经验。

但通过 AI，能够以人事数据为基础判断人才适合于何种工作、擅长发挥怎样的作用。Works Applications 公司于 2015 年 12 月开始提供的 ERP（综合基础业务系统）"HUE"就具备这样的功能。它可以分析职员的年龄、性别、职务经验、薪金等数据，抽取在各个职位上过去做出过优秀业绩的公司职员的倾向性数据，与该倾向性数据进行对照，可以判断人才的适应性。

该公司的董事长、首席执行官牧野正幸说："该系统中 AI 的作用终究仅是给予提示候选，最终做判断的还是人事工作负责人 079 。"

AI 078 渗透提升输入效率和数据分析等业务领域	AI 079 AI的作用是提示候补，最终判断依靠人类

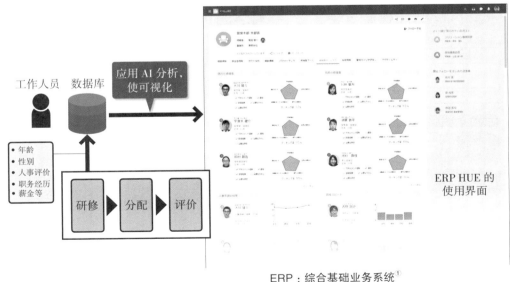

ERP：综合基础业务系统[1]

（图片由 Works Applications 提供）

① 图片详细信息不做翻译。

为人制定的法律制度遇到难题

随着 AI 的普及，一些传统既有的法律、规则、习惯不得不面临重新修订，因为它们都是以人类为对象制定的。

例如应用 AI 的软件创作出的绘画或音乐的著作权，应该如何处理，尚没有明确的规定。熟悉知识产权法的东京理科大学的平塚三好教授说："著作权法的制定并没有考虑过 AI 的存在 080 。"

AI 控制驾驶的自动驾驶汽车的情况怎样呢？在日本和美国加盟的《国际道路交通公约》中规定，汽车的驾驶需要有"驾驶员"。尤其需要探讨的是，不需要人类驾驶员的全自动驾驶汽车，AI 是否相当于驾驶员。

美国在 2016 年 5 月曾经发生了自动驾驶汽车所引起的交通死亡事故 081 。美国特斯拉的电动汽车"Model S"在自动驾驶功能有效的状态下

AI 080
著作权法未考虑AI

AI 081
自动驾驶引发的死亡事故已经发生

丰田汽车正在开发水平 3 的自动驾驶汽车，图片为 2015 年 10 月发布的雷克萨斯

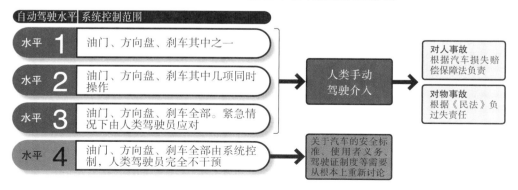

自动驾驶水平	系统控制范围		
水平 1	油门、方向盘、刹车其中之一		对人事故 根据汽车损失赔偿保障法负责
水平 2	油门、方向盘、刹车其中几项同时操作	人类手动驾驶介入	对物事故 根据《民法》负过失责任
水平 3	油门、方向盘、刹车全部。紧急情况下由人类驾驶员应对		
水平 4	油门、方向盘、刹车全部由系统控制，人类驾驶员完全不干预	关于汽车的安全标准、使用者义务、驾驶证制度等需要从根本上重新讨论	

行驶时，与迎面而来的汽车相撞，导致驾驶员死亡。据特斯拉的埃隆·马斯克首席执行官说，是 AI 将对面汽车拖车的车厢误识别为"高速公路上的道路标志"而导致了事故 082 。

在此类事故中，作为发挥自动驾驶功能中枢的 AI 是否应该问责？日本损失保险协会在

美国谷歌正在开发 Level4 的自动驾驶汽车
（图片由谷歌提供）

2016 年 6 月公布了当自动驾驶汽车发生事故时的法律课题和损失赔偿责任的相关报告书。

据该报告书，如果是因人的手动驾驶的问题，则适用于《机动车损害赔偿保障法》和《民法》，追究驾驶员的责任。

问题是完全不由人操作的全自动驾驶的情况。报告书指出："作为与传统汽车完全不同的事物，需要对安全标准、使用者义务、驾驶证制度、刑事责任等重新进行研究讨论 083 。"

在医疗领域需要对制度重新进行讨论研究。JustSystems 在 2016 年 11 月在医疗领域实施了"对应用 AI 和机器人的意识调查"，受调查者的大约三成预测"将来将由 AI 进行诊断"。

但将 AI 引入医疗还有许多课题。2014 年 11 月开始实施的医药品医疗器械等法律中，认可了软件作为医疗器械进行使用，但 LPixel 的公司法人代表岛原担心"应用 AI 的软件能否作为医疗器械进行登记" 084 。许多 AI 拥有学习功能，持续不断地使用能使其精确度不断得到提升，但

AI 084 搭载AI的软件可能不被认可为医疗器械	AI 085 恶意使用AI的担忧浮现
AI 086 虽非恶意也容易产生违反公共利益的AI	AI 087 规定AI技术者应持有的伦理

医药品医疗器械等法律上没有认可精确度发生变化的软件可作为医疗器械的先例。

如何预防 AI 的恶意使用

随着 AI 社会实用化的进展，也有人提出担心 AI 的恶意使用 085 。

AI 所实现的功能，根据技术者赋予的目的而发生变化，例如，谷歌的围棋 AI "AlphaGo" 的唯一目的就是在围棋对弈中获胜，AI 会围绕此目的大量读取棋谱，通过庞大数量的自我对弈不断成长，以战胜专业棋手。

如果赋予 AI 损害人类的目的训练它，就很容易转用于兵器，在海外，就有导入 AI 的无人机作为 "无人暗杀器" 被投入实战中。

即便 AI 制作者没有恶意，但如果对投入训练数据进行了错误的选择，也容易生成有种族或宗教歧视等违反公共利益的 AI 086 。

例如损失保险公司为研发自动计算保险金的 AI，以过去加入保险者的姓名、照片、行为履历等训练 AI，AI 会从姓名和照片等数据中自动抽取出与种族或宗教等相关的特征。结果生成的 AI 会仅因为属于特定的种族或宗教而提示给以高额保险金，将这种 AI 投入使用的损失保险公司以后会面临遭受严厉批判的风险。

防止 AI 的恶意使用或无意识的侵害人权，有赖于 AI 研发技术者的伦理观。AI 学会伦理委员会于 2016 年 6 月公布 "人工智能研究者的伦理管理方案"，正式对 AI 技术者应持有的伦理展开讨论 087 。

人工智能学会伦理委员会于 2016 年 6 月公布的
《人工智能研究者的伦理管理方案（v3.1）》

1. 对人类的贡献（有义务排除对人权安全的威胁）

2. 诚实的行为（有义务进行科学的真挚的说明）

3. 公正性（禁止人种、国籍等歧视性）

4. 不断的自我钻研（不断努力提升作为专家的能力）

5. 验证与警示（有义务对潜在性危险提出警示）

6. 社会启蒙（努力对社会关于技术可能性和极限进行教育启发）

7. 遵守法规（有义务遵守研发相关法令，尊重知识产权）

8. 尊重他人（禁止危害他人或使用不许可数据）

9. 尊重他人隐私（有义务正确处理个人信息）

10. 说明的责任（有义务对恶意使用技术者要求说明）

训练数据的归属权

现在训练数据对 AI 非常关键。AI 学会的山田先生说："随着因特网的普及，很容易就能得到数百万张图像的数据，这是在研究室不可能获得的庞大数据。"

AI 088
训练数据需注意匿名加工技术及获得事先应允

那么训练数据的权利归谁所有呢？假如是事关个人隐私的信息，则需要小心使用。

此时需要与使用大数据一样加以小心，有时需要使数据不特指某些特定个人的"匿名加工技术"的处理。为找到一些特征的量或倾向性数据，不一定需要特定的个人数据。

使用数据前，有时需要获得数据所有者的事先应允。如果数据所有者拒绝使用，则不能作为训练数据进行使用 088 。

发出创作指示的人是作者

装有 AI 的软件创作的作品的著作权归谁所有？ 2016 年 8 月，AI 创投公司的 Metaps 开始提供利用深度学习写小说的应用软件 089 。使用者只要输入文本数据，软件就会分析内容和文脉自动生成文章。

AI 创作的小说、音乐、漫画，其著作权究竟归谁所有？平塚先生说："装有 AI 的软件创作小说或音乐时，著作权不会属于 AI。"AI 创作的作品的著作权归 AI 的所有者或使用者所有。

根据《著作权法》，人类所创作的作品的权利属于作者，而 AI 创作的情况下，"发出创作指示的人即作者"，平塚先生说 090 。因为无论是何种软件，都不可能自发地创作小说或音乐。

AI 侵入人类的领域

AI 已经给人类的各个领域带来了影响。

谷歌的围棋 AI"AlphaGo"在 2016 年 3 月，以 4 胜 1 败的成绩压倒性战胜了韩国专业棋手，那么专业棋手界将来怎么办？

2016 年 11 月与国产围棋软件对决获胜的著名棋手赵治勋说："对决之前非常害怕，但最终兴奋期待感战胜了恐惧感。"他的意思就是说，通过与 AI 对弈，发现新的战法，看到新的世界，这种兴奋期待感最终取胜。

国际象棋界先于围棋界，职业棋手败给了 AI，但至今顶级棋手

AI 即使创作了小说等，著作权仍然属于人类

发出指示等

人类

仍然在获得数千万到数亿日元的奖金。短跑选手不可能战胜汽车，但不会因此失去来自人们的赞赏 091。专业棋手也一样，不会马上丧失自身的价值。

AI 091
专业棋手不会丧失价值

AI 092
好伙伴AI登场

懂你的 AI

装入 iPhone 的 "Siri" 等对话 AI 的功能如果继续进化，将来极有可能出现能理解人类心理、自己也拥有感情、能与人类分享喜怒哀乐的好伙伴 AI 092。

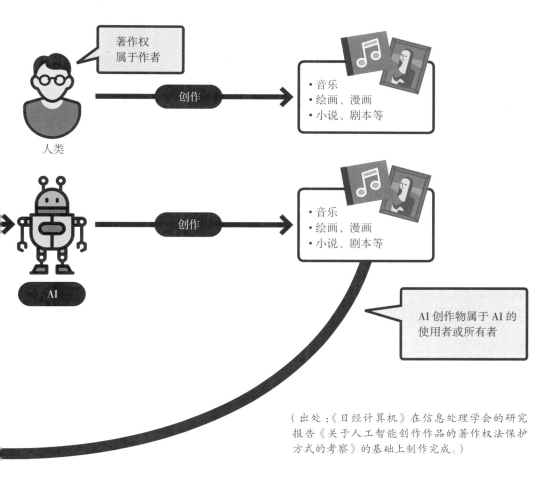

人类

著作权属于作者

创作

• 音乐
• 绘画、漫画
• 小说、剧本等

AI

创作

• 音乐
• 绘画、漫画
• 小说、剧本等

AI 创作物属于 AI 的使用者或所有者

（出处：《日经计算机》在信息处理学会的研究报告《关于人工智能创作作品的著作权法保护方式的考察》的基础上制作完成。）

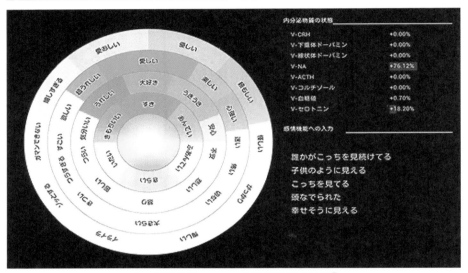

在一般销售的 Pepper 中装置的情感地图[1]

　　说到情感，具备虚拟的感情生成引擎的 AI 正在投入应用。软银集团销售的机器人 Pepper 就是一例。该机器人参考人类大脑内的物质行为，内部装有能够对服务器捕捉到的周围情况产生相应的情感反应的引擎。

　　机器人拥有情感生成引擎后，能够采取人类无法预测的行为，这样会使人类对其产生依恋之情。如果人类对机器人的行为产生了感情，AI 也会表现出感情，尽管是虚拟的 093。

────────────

① 图片详细信息不做翻译。

（上图和右下图由软银机器人提供）

理解人类感情的技术研发也在不断推进。在美国，通过人类的表情和声音，利用深度学习识别感情的技术正在投入应用。如果 AI 有了感情，能够理解人类的情感，那么人类对 AI 产生恋情也不是什么意料之外的事了。

实际上，美国微软公司在中国公布的女性对话 AI "小冰（Xiaoice）"，据说就使许多男性沉迷于与其对话，对其说"我爱你"。

但也有人担心能够打动人心的对话 AI 会被恶意利用。如果研发对话 AI 的公司从外部公司获取广告费，令 AI 推荐该公司特定的商品，则该 AI 就成为了企业代理商。

AI 能否成为人类真正的伙伴，就取决于研发者的良心了 094 。

AI 成为竞争力之源

想要正式投入研发 AI，则对于 AI 人才的确保不可或缺。Works Applications 的牧野先生说："争夺人才的竞争愈演愈烈 095 。"

据牧野先生说，该公司所需要人才的条件是，兼具数学方面能力与软件实际安装能力的被称为"数据科学家"的工程师。

Works Applications 公司董事长 CEO 牧野正幸先生

在争夺 AI 人才方面，有竞争实力的就是谷歌或美国脸书等公司了。牧野先生说："提出的条件如果低于年收入 1000 万日元以下，肯定难以争夺到人才 096 。"

过热的热潮将终结

第 3 次 AI 热潮开始兴起于 2014 年,AI 学会的山田会长提醒说:"热潮今后还将持续两三年,但如果期待度过高,终有一天会迎来热潮的尾声 097 。"

Gartner 的亦贺先生认为:"许多企业是出于开拓市场的目的在大量应用 AI,一部分媒体进行了过度报道,这带来了现在的 AI 热潮,但因此也产生了许多关于 AI 的误解 098 。因此研发者或应用企业应该加深和纠正对 AI 的理解。"

"如果自己公司要投入研发 AI,不是一开始就依赖供应商企业,而是自己先试着实践,这点很重要。即使失败了,对于能够正确理解 AI 有十分重要的意义 099 。"亦贺先生这样说。

美国 Salesforce 领导以深度学习为核心的 AI 开发的首席科学家理查德·索切强调说:"对于从事 AI 开发的科学家来说,现在是无与伦比的幸福时代。"因为有丰富的支持应用 AI 的工具或服务可供使用。"只 10 个人就可以实现创造出震惊世界的服务。"索切先生说。作为 AI 研发者,没有理由不充分利用现在的时机 100 。

（田中淳　浅川直辉　冈田薰　佐藤雅哉）

第 2 章
AI 在各个领域的应用

人工智能 Watson 花 1 年半时间进行机器学习

　　かんぽ生命保险（Japan Post Insurance）于 2017 年 3 月 21 日开始将日本 IBM 的人工智能（AI）"Watson"应用于保险金的支付审查。对于必须具备医学、法律等专业知识的专家审查人员才能够判断的高难度审查条件，在 Watson 的帮助下，没有经验的审查人员也能够处理。经过 1 年半的机器学习，不断调整参数，使其达到 90% 以上的精确度。

　　かんぽ生命保险（Japan Post Insurance）使用 Watson 所开发的审查系统的特点是，准备了两个阶段的机器学习系统，一个是显示保险审查判断的系统，另一个是显示审查判断理由的系统。它能够以人类审查人员容易理解的形式给予建议。从事该系统开发的かんぽ生命保险（Japan Post Insurance）经营企

经营企划部创新推进室的企划负责人松阪高宏先生

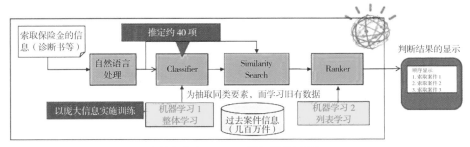

支付审查中 Watson 的机器学习框架

［出处：かんぽ生命保险（Japan Post Insurance）］

划部创新推进室的企划负责人松阪高宏先生自信地表示："在保险界，几乎还没有应用这两阶段机器学习系统的先例，包括海外的公司。"

这个系统首先读取保险金索取账单（诊断书等）信息，抽取疾病名称，

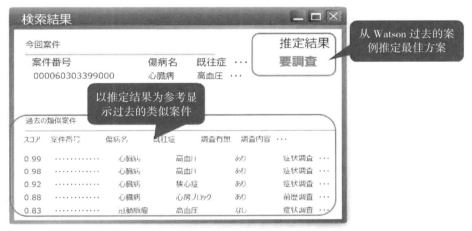

显示的审查结果列表[1]

[出处 : かんぽ生命保険（Japan Post Insurance）]

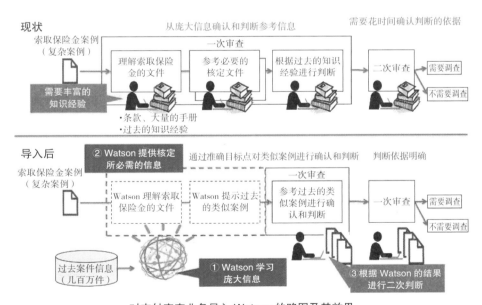

对支付审查业务导入 Watson 的略图及其效果

[出处 : かんぽ生命保険（Japan Post Insurance）]

① 图片详细信息不做翻译。

使第一阶段机器学习系统推测出最有可能符合该情况的保险金项目。

如果只通过第一阶段机器学习系统推测结果，审查人员不了解为什么系统会选择该保险金项目，因此为补充审查结果的判断理由，应用了第二阶段的机器学习系统。将第一阶段系统推测的结果和保险金索取账单数据共同输入第二阶段的机器学习系统，系统会将与此类似的过去案例以相关度高低的顺序列出，审查人员能够从列表中掌握判断理由，用于最终判定保险金项目的材料。

在诊断书上记录的疾病名称，即便是相同病例，很多时候不同的诊断医生会以不同的名称记录。像这类难以判定的审查案例，系统难以判断，需要 10 年以上审查经验的专业人员来审查判定。利用 AI 使审查业务简单化，则可以解决人手不足的问题。其他公司只应用第一阶段机器学习系统的审查系统，松阪先生说："审查人员不明白审查判定的理由，就难以担保判断的可信性。"

在此次系统中，从 2015 年 10 月开始，用相当于两年的申请案例，共500 万件过去的案例训练 Watson，提高了精确度。最初的审查精确度只能达到大约 80%，经过 1 年半的时间，调整能够正确判定的权重，实现了90% 以上的精确度。松阪先生说："今后将进一步进行训练以不断提升精确度。"

Watson 也用于支持电话呼叫中心

かんぽ生命保险（Japan Post Insurance）从 2017 年 4 月 27 日开始将Watson 也应用于呼叫中心的工作，提高了呼叫中心接线员的工作效率。应用方法如下：当顾客打来电话咨询时，Watson 把其与接线员的对话内容转换成文字，从训练完毕的 FAQ（经常出现的问答）数据中选取与咨询相关的项目，显示在操作员的电脑屏幕上。

这样使缺乏经验的接线员能够准确回答顾客需要的信息。Watson 学习了过去 1 年 1300 个 FAQ 数据，今后还将不断学习新的数据。

かんぽ生命保险（Japan Post Insurance）对于将来的设想是，将 Watson 应用于开发新的保险商品。具体来说，就是通过加入保险者日常生活中的生物信息，掌握其健康程度的特征，根据这些特征创制出能够降低保险费的保险服务。另外，还计划把能够以文字形式自动应答的聊天机器人引入呼叫中心。

（佐藤雅哉）

深度学习使生产效率翻倍

"曾经靠人力实行的食品生产线上的残次品检测中，因应用深度学习，使生产效率提高了一倍。"丘比的生产总部新一代技术负责次长荻野武先生在谷歌于 2017 年 6 月 14 日举办的活动"Google Cloud Next'17 in Tokyo"中，在召开的媒体会议上登台时如此说，他对应用深度学习的原材料检测装置的开发工作做了说明。

荻野先生谈了自己对公司原材料方面的想法："从创业时，我们就继承了'好的商品只能来自于好的原材料'这一传统思想，现在需要面对的原材料有数千种，我们始终以安全放心为原则来甄选优良的原材料。"

应用深度学习的原材料检测装置主要用于检测幼儿食品薯块儿（切成小四方块儿的土豆）。"从前一个生产线上 100 万个原材料，都要通过人眼检测是否有异物混入，以及检测残次品。"荻野先生介绍说，尽管长期

丘比的生产总部新一代技术负责次长荻野武先生

以来一直在探讨利用图像处理技术进行机械生产，但"现在的技术仍然不可能实现"。

为了减轻现场工作的负担，荻野先生开始研究探讨应用 AI，在对几十家公司的 AI 技术进行研究之后，采用了美国谷歌公司开发的开放源码的深度学习框架"TensorFlow"。"处理性能和通用性都很高，技术水平也非常出色。"荻野先生如此说明了选择的理由。

通过 18000 幅图像学习优良产品的特征

获得谷歌与数据科学领域占据优势的 IT 供应商企业 BrainPad 的支持后，2016 年 11 月开始概念检测（PoC）。实际是在工厂内本地部署（自己公司所有）环境的 PC 机上启动 TensorFlow，令其读取 18000 幅制造生产线的图像，学习优良产品的特征，荻野先生说："不是将 TensorFlow 用于区分优良产品和残次品，而只是让它学习优良产品数据，以达到同时提高精确度和缩短学习时间的目的。"

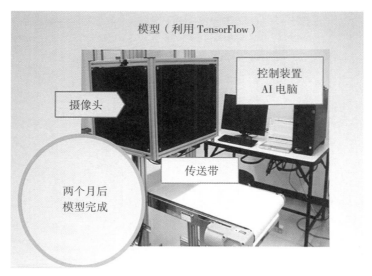

使用 TensorFlow 检查原材料装置的试用版

2017 年 2 月试验版完成了，通过实际操作试验，结果表明："利用经过深度学习的检测系统大致排查出残次品，再以人眼确认检测遗漏，使生产效率提高了 1 倍。"荻野先生说。由于不需要工作人员不停地进行检测，因此减轻了工厂工作人员的工作负担。荻野先生表明："2017 年 8 月，将改善深度学习算法及摄像等整体装置，以便在工厂正式开始使用。"

今后还将构建同时利用本地部署环境和谷歌的云服务"Google Cloud Platform（GCP）"的混合云。荻野先生说，这是为了实现"将该系统既应用于对象原材料的扩大，也应用于 1500 家以上的原材料供应公司"。

虽说缩短了学习时间，但荻野先生说："利用 GPU（图像处理传感器）进行处理仍然需要花费 10 个小时。"照这样不断扩大对象原材料，工作负荷将不断增加，因此正在考虑学习时以 GCP 利用 TensorFlow，GPU 负荷低的检测以本地部署来处理。

（井原敏宏）

利用 AI 摄像与边缘技术分析来店顾客

设在九州福冈的折扣店 TRIAL 株式会社在 2017 年开始正式引入几十台至上百台的网络摄像机，以分析来店顾客的行为。

通过网络摄像机掌握来店顾客的年龄、性别、查看商品的路线等，与顾客的购买数据相联系，以此分析促销活动的效果。还能够帮助优化商店设计、商品陈列及路线。其特点是采用了能够以单个机器识别人物和分析属性的高性能摄像机。

摄像机解析人物图像

以前的店铺通过 POS（销售时间信息管理）系统也掌握了顾客购买商品的时间和数量，但想要掌握顾客购买商品之前的行动就需要人工调查，这样，就难以及时掌握促销活动的效果，不能及时改变销售手段以灵活应对。

为了解决这样的课题，从 2016 年，TRIAL 开始在福冈县田川市和佐贺县唐津市的两家店内试用新系统检验促销活动效果。准备通过验证引入

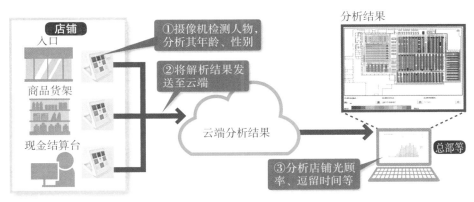

TRIAL 株式会社引进的来店顾客分析系统的概要

（出处：TRIAL 株式会社）

系统的效果和不断加强其功能，最终向其他店推广使用。

在田川市店内，设置在店内的约50台摄像机共同拍摄顾客的店内行动，摄像机具备检测人物年龄、性别的功能。

该系统并非发送拍摄的影像，而是直接将解析结果的数据发送到云。不只服务器，终端装置也负责处理信息，因此可以说是一种边缘计算。不仅能够控制从店铺发送至云的数据容量以减少通信成本，同时可以节省在店内设置储存分析图像的服务器的时间。

利用云端的分析基础，分析来店客人的人数、年龄性别等属性、店铺光顾率、在各售货服务区的逗留时间，再结合POS的数据，可以及时掌握"商品A的售货区有多少顾客光顾，其中有多少人购买了商品"等数据。在50台摄像机中，有10台设在了点心类商品架，以此检验是否能够对顾客的行动以单位商品来详细掌握。

系统开发由松下公司，以及松下集团中负责开发脸部识别软件的PUX主要负责，TRIAL准备将这一系统与AI技术相组合，也应用于预防盗窃。该公司正在开发一个软件，由AI解析顾客行为数据以检测其是否是小偷。

（高槻芳）

AI 应用于 IT 人才招聘

"需要处理数量巨大的工作，以至于难以顾及其他工作。" Recruit 集团在这种情形下正在推进 AI 系统的引进。

Recruit 有限公司从 2015 年开始引进旨在促进人事工作的项目 "HR Tech Ops"，在材料审核等业务管理工作中，采用支持业务工作的 "Salesforce"，以提高工作效率。

在集团统一从新毕业大学生中招聘 IT 人才的工作中应用 AI。这里面的难题就是材料审核工作。求职者们寄来数量庞大的求职信，几十名人事工作人员需要花几天时间来筛查。

"为发掘出优秀人才，负责人事的工作人员希望将更多的时间用于与学生们的面试。" Recruit 有限公司 IT 人才总负责室社会企业推进室 CSR 推进部负责 IT 人才支援项目的藤野学先生说。

从 2016 年开始将 AI 引进材料审核工作，AI 开发的预测模型着眼于在求职者的求职信中搜索显示求职者曾在学生时代从事过 IT 相关事务的单词 "JavaScript" 等，通过分析以判断该材料是否继续进入正式选拔。

利用 AI 提高人事部门工作效率的藤野学先生（左）与负责分析的兴梧智纪先生

用过去求职者的求职信和评价数据实施机器学习，
制成模型，提高确认与评价工作的效率

节省了过去需要几十人花费几天时间
确认求职信的劳动成本

开发预测模型时，准备了过去 10 年间求职者的求职信数据，以及人事负责人的考评结果数据，让自动机器学习软件"DataRobot"学习"求职信中写有怎样单词的材料能够进入正式选拔"。

将此预测模型引进 2016 年的材料审核工作中，为预防预测模型产生判断错误，人事工作人员同时也按顺序审核了求职信，结果表明该系统模型具有 95% 的审核精确度。

给人事工作人员充分的时间思考人才战略

这样使负责人事的工作人员有了更多的时间去面试进入正式选拔的学生，也有了更多余地思考录用人才的战略。2017 年出台了"2017 年度录用具有强烈主人翁意识的人才"的录用方针。

配合该方针，也修改了预测模型，使预测模型能够通过"分析求职者在求职信的自由填写栏中所写内容的文脉，预测该求职者是否是具有强烈主人翁意识的人才"，IT 人才总负责室 IT 人才开发部的兴梠智纪先生说。

通过使用了深度学习的文本挖掘技术"Doc2Vec"分析文脉，对根据单词进行能力判断的结构也进行了改善，准备于 2017 年 5 月应用于材料审核工作。

2017 年工作

·明确所需人才的评价项目和评价标准
·利用过去的求职者求职信制成预测模型
·在单词之上再加入对文脉的分析，也可对求职者的意识进行评价

求职信数据　　　模型导出的评价数据

录用负责人
最终审核后
确定评价

利用过去的数据实施机器学习，
开发出从两个视角进行评价的预测模型

解析表现学生时代
专业和活动的单词

准确评价其擅长
的领域

解析在自由填写栏所写内容的文脉	准确评价其是否具有主人翁意识

将机器学习应用于人事录用工作中对求职信内容的确认

（西村崇）

AI 制定配送计划

刊登有招聘用工信息的免费报纸《城市工作》，每周要分发至全国 10 万处摆放架上，如何配送才能保证架上的报纸不被取光呢？

从前完全不可能的配送计划的制订，2016 年由东京中央区的 Recruit Jobs 自动化制订。如果配送计划不够合理，不仅配送需要花时间，而且每周刚过一半，摆放架上的报纸就会被拿光，使许多读者看不到《城市工作》。

为了降低机会损失，"高效的配送计划自动被制订好了，配送成本也缩减了"，Recruit Jobs 的商品总部数码营销室市场营销部数字经理部的经理木田茂穗先生说。

《城市工作》的最新版每周一配送到全部摆放架。之后，读者从架上取走报纸，报纸逐渐减少。为了到周末时摆放架上仍留有报纸，需要在每周中间补充报纸。

负责分析的部门经理木田茂穗先生

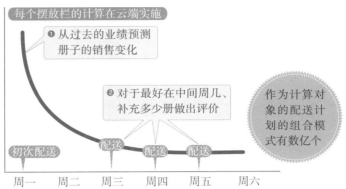

Recruit Jobs 通过数据科学，制订更加高效的《城市工作》配送计划[1]

［图片提供：Recruit Jobs（杂志封面© Recruit Holdings Co., Ltd.）］

在配送计划的立案算法中，将设置的摆放架逐一分为两个阶段进行计算，制订配送计划。首先，以过去的业绩为基础，预测一周内报纸的销售情况。在此基础上，判断应该在下一周的周几补充几份报纸。

而且，对周几与报纸数目进行各种组合，决定最佳组合，这个过程可在云端的分析基础上进行处理。

问题是，应该研究的组合数整体达到数亿个，木田集团的经理回顾道："配送计划的计算每周只有几小时。如何能有效地导出最佳组合是我们的课题。"

在处理过程中如果"这种组合不合理"，就从计算对象中排除。通过只将有效的组合作为计算对象，大幅压缩处理时间。这是在数据科学的领域，被称为"启发式求解"的手法。

如此就可以在几小时内制订高效的配送计划。木田集团经理说："今后，也可以制订年度计划，希望进一步提高成本效率。"

（西村崇）

---

① 杂志封面图片详细信息不做翻译。

AI 可以学习有经验职员的隐性知识

总社设于山形县的 IBUKI 在技艺传承方面应用了人工智能（AI）。该公司是生产塑料制品成型模具的厂家。该公司现在正在构建一个制作估价单支持系统。公司职员约 50 人，制作估价单由生产部工厂长芳贺敏昭董事 1 人负责。

工厂长移交估价技术

由于模型产业的特殊性，使得其他的职员很难做出正确的估价。因为是个别接受订货，每次要制作不同形状的模型，客户厂家每次发售新商品，都会向 IBUKI 发出订单，要求制作新的模型。

IBUKI 接到估价委托时，就要从零开始设计新的模型，预测工时。由于是制作没有现成成果的模型，只能依靠有经验职员的经验和感觉。

于是 IBUKI 开始着手建立一个制作估价单支持系统，将有经验职员的隐性知识以形式化知识编入系统，该系统由"信息检索系统"和"估价单制作系统"两部分构成。

信息检索系统是一个在制作本次订货的模型时，找出过去可供参考的文件的系统。过去的文件包括估价资料或模型图、客户发来的修改要求、制作试验中产生不合格产品时的记录等。

制作估价单的负责人将客户提出的要求、制作成型品的形状特征和生产效率的要求，通过输入关键词进行检索，在各个相关文件中被推测为重要的信息，在检索结果中将以荧光显示。

检索引擎中引入了 AI。被形式化的有经验职员的隐性知识被作为训练数据，具有能找出与所输入关键词关联度高的关键词的功能，再创建包含这些关键词的自然语言文本，进行检索。

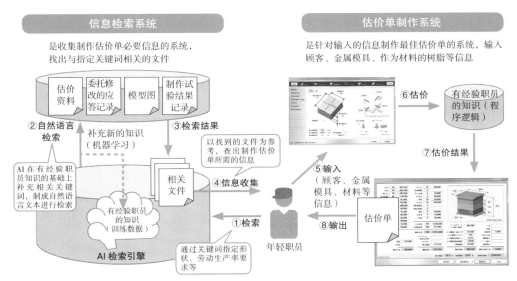

IBUKI 为制成准确的估价单，构建了两个编入有经验职员知识经验的系统

负责制作系统的 LIGHTz 和 AI 供应商 FRONTEO 共同开发

将有经验职员的隐性知识形式化的手法，是由负责建立系统的 LIGHTz（筑波市）开发的。例如制作内壁较深的模型，如果是有经验的职员会设想出各种有可能发生的问题，如"从模型取出后容易变形（变形）""从模型中难以取出（脱模性）"等。

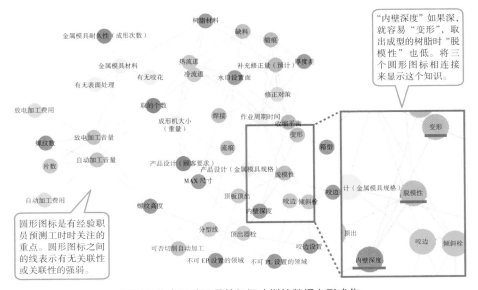

网络图 将有经验职员的知识（训练数据）形式化

这是经历过各种问题的有经验的职员才了解的技术，将这些隐性知识形式化之后，形成网络图。由此可以了解，"内壁深度""变形""脱模性"作为关联性高的三个关键词相互关联。

过去需要半天时间完成的信息收集只需 30 分钟

那么系统是如何运行的？首先估价负责人将"内壁较深"作为关键字输入，AI 会从网络图中找出相关性高的关键词"变形"和"脱模性"，补充添加，再创建包含这些关键词的自然语言文本，并执行文档文件的检索。

估价负责人看到结果后才意识到"为了减少工时，需要设计能够解决变形和脱模性问题的形状"。另外，AI 也会利用检索结果进行训练，如果发现有关联性高的其他关键词，就会更新网络图，这样不断提高检索精确度。

芳贺刚生产副厂长说："从前，不知道在哪里能找到什么资料，即使找到资料，也不知道哪些是要点。只能一边请教厂长一边做，需要花半天时间。"

从前是一边确认过去的估价资料，一边传授估价知识经验

现在使用信息检索系统，只需 30 分钟就能找到所需资料。

另外一个估价单制作系统也装入了有经验职员的隐性知识。这是作为程序逻辑而装置的。例如，在客户的项目中指定了"A 公司"。这个 A 公司的特点是"每次都推迟提交成型品设计图的期限"。因此，系统自动考虑到晚交设计图的情况，设计较充裕的工时，进行估价。

（加藤庆信）

AI 缩短电话等候时间

呼叫中心作为与顾客的连接点，其重要性与日俱增。签约后的咨询或投诉如果能够得到详细认真的应答，顾客的特许权使用费才会提高。但当人手严重不足时，难以保证有熟练的接线员，于是损害保险 JAPAN 日本兴亚公司在呼叫中心引进了人工智能（AI），迅速查到顾客想要询问问题的回答，将通话等待时间减少了一成。

电话中总是需要等待

"关于保险想咨询一些问题。"

损害保险 JAPAN 日本兴亚的呼叫中心，每年能接到 100 万个以上的电话，大多是来自顾客的咨询电话。有关于自己签订的合同内容的咨询，也有类似"在机场能够申请海外旅行保险吗"之类的关于商品或服务的问题，问题各式各样。

应答咨询的接线员常常通过检索 FAQ（常见的提问与回答）来寻找顾客需要的回答，让顾客不要挂机，然后再输入关键词查找，接线员不同，

呼叫中心在应答业务中应用 AI，使通话等待时间缩短了 10%

工作效率大相径庭。经验不足的接线员往往不能找到最恰当的关键词，就需要多次检索。

这期间电话一直处于等待状态，终于找到答案回答时，顾客却说"那不是我想要的答案"，于是再请顾客等待，重新检索。如果让顾客等待时间过长，就会影响顾客的评价，甚至带来顾客不再续约的风险。

为解决这个长期以来存在的问题，损害保险 JAPAN 日本兴亚公司向数据求助，这就是利用 AI。

通过反馈使 AI 变得更聪明

2016 年 2 月引进的"自动知识支持系统"具备语音识别技术和深度学习功能。接线员接到电话后，使用语音识别技术将对话内容形成文本，几乎同时显示在接线员的电脑屏幕上，识别精确度达到 90% 以上。

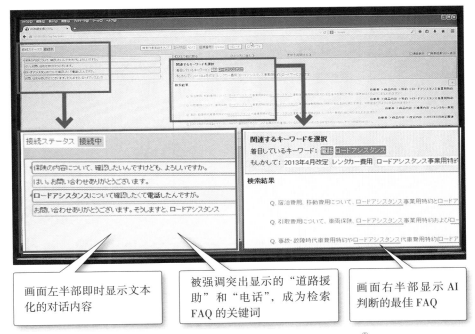

画面左半部即时显示文本化的对话内容

被强调突出显示的"道路援助"和"电话"，成为检索 FAQ 的关键词

画面右半部显示 AI 判断的最佳 FAQ

接线员应答时参照的"自动知识支持系统"的画面①

———————

① 图片详细信息不做翻译。

"我打电话是想确认一下关于道路援助的情况。"

"谢谢您的来电，您想知道关于道路援助的哪方面内容呢？"

接线员电脑屏幕的左半边即时显示出对话内容的文本，同时右半边显示出关于"道路援助"的几个FAQ，这是自动知识支持系统从对话内容抽取关键词，检索FAQ数据库的结果。

但是并非将检索结果原封不动地显示在电脑屏幕上，系统中装有AI，AI会根据对话内容进行判断，从FAQ精选出最佳答案，并按照关联性高低进行排列。

"从前有经验的接线员和新手的应答会有很大差别，所以我们希望能够减少对经验和知识的依赖，使对顾客的应答标准化。"顾客沟通企划部企划组科长兼小组领导丸山直俊先生对引进AI的原因做了说明。

但即便如此，刚刚引进时，AI也常常不能对答案做出最优的选择，与接线员一样，缺乏经验的AI也往往很难领会顾客的意图。

于是，接线员在完成应答后，会对显示的FAQ是否有用给予评价，反馈给系统，AI在学习这些评价之后，逐渐能够根据对话内容显示出最佳FAQ，现在的回答准确率达到八成以上。接线员无论是新老职员都提高了工作效率，通话等待时间减少了一成。

通过 AI 判别顾客情感

损害保险JAPAN日本兴亚公司正在推进利用AI判别顾客情感的工作，目前还在开发阶段。"如果能够明白顾客的喜怒情感，则有利于提高接线

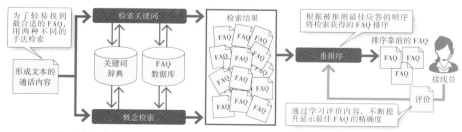

从形成文本的通话内容显示最合适的 FAQ 的"自动知识支持系统"概要

员的服务质量。"顾客沟通企划部企划组副组长锦晃彦先生这样认为。

预计将来能够实现 AI 的全自动应答。丸山科长兼小组组长说："希望 AI 能够完成简单的咨询应答，将数据技术与人类融合的体制进一步完善后，更加提高服务质量和工作效率。"

（加藤庆信）

预知设备异常：通过 IoT 和 AI 开展新事业

日挥积极运用 IoT 对化学设备等的事故防患于未然。2017 年 2 月 2 日，日挥宣布同 NEC 合作共同提供利用 IoT 和人工智能（AI）的"预知异常检测服务"。

"将来以海外市场为中心扩大事业。"日挥的常务执行董事、基础设施总负责、总部代理部长三浦秀秋先生兴致勃勃地说。服务对象是持有精制石油或液化天然气、化学设备的顾客。已经于 2016 年 12 月开始提供该服务，2017 年 1 月已经在国内外 5 家店的设备上开始使用。

该项服务是对设备的生产运行突然停止等重大问题事先预防的服务，安装在生产设备上的传感器对收集到的信息进行分析，检测异常，帮助预防预料之外的事故引起的设备运转停止，最大限度提高运转率。

提前两三天预知设备异常

为检测异常发生的先兆，首先要收集异常未发生状态下设备运转的数

日挥的常务执行董事、基础设施总负责、总部代理部长三浦秀秋先生（右一）和大数据解决方案室的工作人员

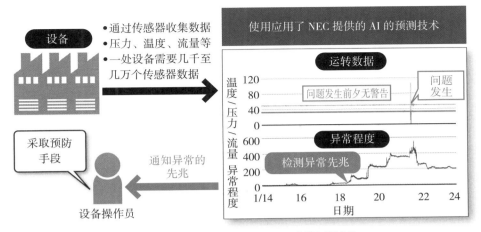

日挥和 NEC 共同提供的"预知异常检测服务"

（出处：《日经计算机》在日挥的资料基础上制作完成。）

据，如温度、压力、石油或化学物质的流量等。对于数据的分析，使用了 NEC 开发的 AI 技术"不变性分析"。

三浦常务执行董事说："通过传感器所收集的新鲜数据，无法找到重大问题发生之前发生的变化。"不变性分析通过众多数据的相关关系制作正常运转时的模型，将正常运转时的模型与运转过程中的数据进行比较，就能看出"异常程度"。即使新鲜数据中没有大的变化，在传感器数据的相关关系中也能够发现异常先兆。

"人类操作员难以觉察的细小异常堆积起来，就会形成大问题。而这项服务就是检测这种预兆性问题的。"三浦常务执行董事介绍说。日挥和 NEC 在过去运转数据的基础上反复进行实证，得出了可以在两三天前检测出异常的结论。

也可有效减轻负责监管设备的操作员的工作负担。三浦常务执行董事说："根据设备的规模大小所需收集的传感器数据也不同，但一处设备大约需要收集几千至几万个传感器数据。"人类操作员随时要监管从生产设备收集到的全部传感器数据是非常难办到的。

发挥控制设备的优势扩大 IoT 事业

日挥负责扩大 IoT 事业的是"大数据解决方案室"。工作人员有大约 20 人。自 2016 年 1 月成立以来就致力于开始异常预兆检测服务，计划 5 年后工作人员达 100 人，销售额扩大至 300 亿日元。

致力于以制造业为中心、运用控制技术和生产技术开拓 IoT 服务的尝试越来越多，美国通用电气公司（GE）和日立制作所就是例子。日挥的三浦常务执行董事自信地表示："将发挥控制整体设备运转的技术优势，开拓新领域。"

（冈田薰）

通过深度学习运转资产，获得更优秀的投资成绩

三菱 UFJ 信托银行于 2017 年 2 月 1 日开始面向个人提供在资产运用中应用深度学习的投资基金，资金运用通过子公司的三菱 UFJ 国际投资信托操作，以过去的兑汇和利率等变动数据判定东证股价指数（TOPIX）的股价上扬局面，据说与仅凭人类判断相比，获得了更高的收益率。这是以受托余额合计为 500 亿日元规模的基金为目标。

使用深度学习可以自动决定股价变动预测模型的变量，过去利用回归分析等同级手法进行预测，三菱 UFJ 信托银行的受托财产企划部副部长染谷知先生对此说明道："以传统的手法，最终还是依靠人类责任人决定预测模型。"

深度学习分析的对象数据超过大约 300 种。"我公司的所有数据都作为神经网络输入数据来使用。"资产运用部国内股票数理分析专家运用科

三菱 UFJ 信托银行的受托财产企划部副部长染谷知先生（左）和资产运用部国内股票数理分析专家运用科首席基金经理冈本训幸先生

验证多层化效果和训练效果的结果表明，2015 年 9 月各个收益率出现了年收益率10% 的差异。神经网络 = 中间层 1 层。深度学习 = 中间层多层。深度学习每日实施训练 = 中间层多层以每天的输入数据实施训练。

（出处：三菱 UFJ 信托银行）

的首席基金经理冈本训幸先生说。

输入的数据包括汇兑变动或股价变动、投资者心理相关的各种指标等预想能够对股市产生影响的信息。输入的数据对预测模型有多重要，则由神经网络自动判别。

深度学习的框架是采用了海外制造的 OSS（开放源软件），具体名称未被公开。据首席基金经理冈本介绍，与美国谷歌的 TensorFlow 以及创投公司 Preferred Networks 提供的 Chainer 等进行比较，根据"分析系统的基础是否在公司内环境容易应用，成为最终选择的决定因素"。

投资成绩优于人类的 AI

三菱 UFJ 信托银行自 2016 年 3 月开始至 2017 年 1 月的 10 个月期间，应用深度学习试运用投资基金，检测结果表明，在人类判断的基础上再结合深度学习的判定，可获得比单靠人类判断更优秀的投资成绩。

经过该公司检验证明，引入深度学习后，可确认获得了两大效果，即"多层化效果"和"训练效果"。

多层化效果是指通过增加深度学习的层数，提高预测精确度。"层数越多计算量越大，因此要考虑预测精确度和计算量以确定恰当的层数。"冈本首席基金经理说。

对将神经网络设定为输入层、中间层、输出层的 3 层模型与增加多层中间层的多层模型进行了比较，多层模型的具体层数未被公开。以 2009 年 12 月至 2015 年 9 月的输入数据为基础模拟的结果发现，多层模型相比于 3 层模型年收益率提高了约 10%。

"训练效果是指以每天积累的数据实施训练，预测模型的精确度不断得到提升。"首席基金经理冈本说。每日实施训练的预测模型与没有经过每日训练的预测模型相比较，年收益率提高了约 10%。

投资基金中，深度学习判定的结果以预警的方式通知人类运营负责人。"最终仍然由人类责任人进行判断，并非完全依靠 AI 预测模型。"副组长染谷说道。对于大的变动进行预测，对 AI 来说还是困难的。

在运用的投资基金中，也装载有以企业公开的结算短信等信息为基础，预测股价下跌局面的功能。2016 年 12 月开始面向法人提供，受托余额已达 100 亿日元以上。三菱 UFJ 信托银行的染谷副组长难掩自信地说："希望它成为热门商品。"

（冈田薰）

AI 检查顾客与营业员的面谈记录，分析顾客需求

横滨银行于 2017 年 4 月 4 日公布，采用了 FRONTEO 自行开发的人工智能（AI）引擎 "KIBIT（キビット）"，以与营业担当者的面谈记录为基础，按照重要度高低的顺序，提取数据以分析顾客的需求。

横滨银行和 FRONTEO 从 2016 年 10 月开始使用 KIBIT，着手进行实际面谈记录数据的检查。从大量的记录中成功提取想要找出的数据，可以显示出顾客能否充分理解并购买金融商品以及顾客的需要等与从交易内容中想要寻找的主题相吻合的结果。

KIBIT 对销售金融商品的营业负责人制作的日报和报告中所写的面谈记录文本数据进行评分，显示与想要寻找的主题一致的面谈记录。据说，通过重现检查面谈记录专家经验的方法，使得检查面谈记录的效率从原来的大约 4 倍提高到了 15 倍。

（大豆生田崇志）

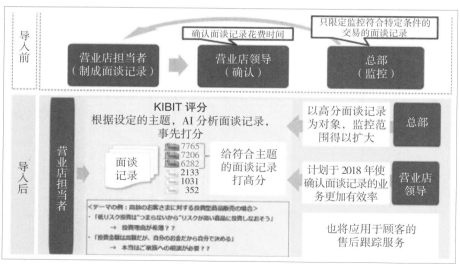

KIBIT 的应用图[1]

---

[1] 图片详细信息不做翻译。

（出处：FRONTEO）

利用 AI 提升成品率、配送目标分辨率和顾客满意度

在国内近一年来快速引起瞩目的人工智能（AI），在海外企业，这项技术与大数据共同开始被用于获得人类智力所不及的问题解答。

利用美国 Teradata Corporation（TDC）数据分析产品的海外企业汇聚一堂。

这是来自他们的现场报告。

在全世界，人工智能（AI）正越来越引起关注。但是 AI 应用在国内还仅限于呼叫中心的自动应答等领域，而在欧美等先进企业，AI 已经开始应用于解决具体的商务难题。

2016 年 9 月，Teradata PARTNERS 活动在美国佐治亚州亚特兰大佐治亚世界国会中心举办，为期 6 天。除主旨演讲之外，举行了 200 场以上的分会和研讨会，来自 46 个国家的 4500 人参加了该活动，在分会场有众多国际企业的成果发布

2016 年是第 31 届，活动主题是 Data Changes Everything，在美国 Teradata 担任数据分析技术总责任人的执行副总裁奥利弗·拉茨伯格先生在主旨演讲中讲述了企业中数据化的重要性

由利用美国 Teradata Corporation (TDC) 数据分析产品的海外企业主办的年度活动 Teradata PARTNERS 2016 的现场

2016 年 9 月，利用美国 TDC 大数据分析相关产品的企业主办了年度活动 Teradata PARTNERS 2016，在活动现场，各跨国企业发布了自己公司这一年来应用 AI 及大数据分析的方案，大部分方案都采用了能够分析大数据、开发和验证数理模型的 Teradata 数据分析平台 Teradata Aster。

活动的主题是：Data Changes Everything。就如"数据改变一切"所说的，涉及制造业、物流、金融等各种行业的跨国企业就 AI 及大数据应用情况作了报告。

通过缜密的分析大胆地严守交货期方案

"为了遵守交货期，对一些可能会迟滞的产品，做两个构成零件。"在新加坡从事 EMS（电子产品受托制作服务）的伟创力公司（Flextronics）为达到 99.9% 的按期交货率，决定实施以上的方案。

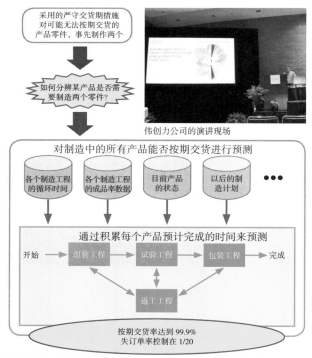

EMS 大型企业伟创力公司（Flextronics）通过分析模型实现严守交货期

一般在制造工厂，会采取一些方式以遵守交货期，如去除徒劳劳动，对一些可能很花时间的特殊订制产品提前制作等等。

但有时即使采取以上方法也无法按期交货。"因为仍然有可能会出现成品率低、检查不合格的产品。"该公司负责统管从接受订货至接受货款全过程的经理杰伊·荷让贝克指出。

于是伟创力公司提出了一个大胆的方案，那就是："成品率低，有可能会无法按期交货的产品的构成零件，事先制造两个。"

但是，如果只是随便就都做两个零件，只会使成本提高，工厂工人的负担加重，反而使得交货期更加延后。"因此，根据数据分析来判断，哪些产品需要做两个零件。"

实现这一大胆的按期交货方案的数据分析手法就是将整体制造工程模型在电脑上重现，实行模拟，预测哪个产品有可能无法按期交货。将实际的工厂和模拟工厂两个生产设备同时在电脑重现，因此被称为"数字双胞胎"手法。

在电脑上重现的是包括制造、试验、包装等47个制作流程，以及当不合格产品出现时重新返工的11个流程。

制造一个零件所需要的时间和出现不合格产品的成品率的信息，从工厂的各个流程自动收集，将过去两周内的数据在电脑的模拟制造生产线上重现，再使用被称为蒙特·卡罗方法的手法预测今后的制造情况。

在预测中，也加进"现在各个产品的制造进展情况"和"今后的制造计划"等信息。每30分钟加入每个产品制造流程的剩余制造时间，算出能按期交货的概率。对于不合格可能性较高的产品，预先采取制造两个零件的措施。

通过这个方案，使"按期交货率达到了99.9%，之前一个季度会失去224份订单，如今降低至11份"，荷让贝克先生给我们介绍了这个方案的成果。

利用机器学习判别发给个人的包裹

上门投递国际包裹时，因被投递者不在家，不得不再跑一趟。在220

个国家从事国际货物运输的德国 DHL 公司为了解决投递员的这个难题，利用了大数据和机器学习。

"重新投递不仅增加了成本，而且由于不能快速收到包裹，顾客满意度也会降低。因此作为将大数据分析应用于商务的第一步，我们用于解决这个难题。"管理数据分析的 DHL Express 开发经理安德列·威特弗斯说。

威特弗斯所做的工作，就是从包裹上的地址等信息分辨包裹是发给企业的还是发给个人的，使用分辨准确率极高的模型，判断该包裹是发给个人的，就选择主人最可能在家的傍晚时配送，白天则重点配送发送给企业的包裹，这样建立了高效的配送包裹计划。

分辨模型结构首先以世界各国发往芬兰的包裹为开发对象。为了创制这个分辨模型，从公司调来了过去 5 年间累积的发往芬兰的 90 万件包裹的配送信息，以及 420 份顾客的信息，从公司外则取得了住在芬兰的 40 万人的个人姓名数据，从谷歌取得了芬兰国内企业的信息 200 万份。

将这些数据输入机器实施训练，开发出能够分辨包裹是发给企业还是发给个人的模型。数据中含有能够分辨是发送给个人还是发送给企业的要素，将其作为训练数据进行开发，利用剩余的数据确认该模型的精确度。

通过不断重复该作业，完成了能够准确判别包裹发送对象的模型。"开发过程中，不仅重视分辨出更多发送个人的包裹，同时重视减少将本该发送企业的包裹误判为发送个人的错误案例。"从事模型开发的 Teradata 的尤纳斯·苏巴顿说。

将开发出的模型投入实地试验。在一段时间内利用模型分析实际寄到芬兰的包裹，分辨包裹是否发给个人。同时，将同一地址数据交给有经验的配送员，请他们凭借经验判断包裹是发给个人还是发给企业，并输入 Excel 表格。将双方的结果进行比较，以判断分辨模型的精确度是否达到能够投入实际使用的水平。

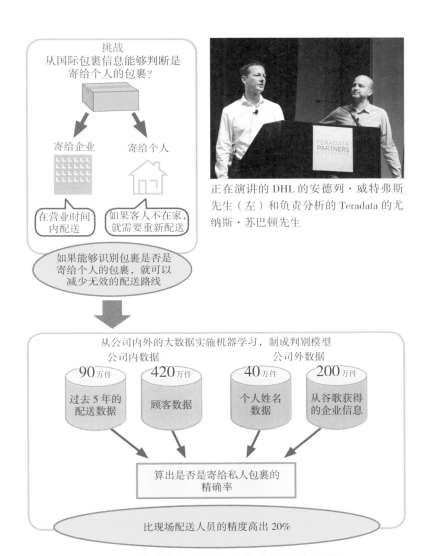

挑战
从国际包裹信息能够判断是寄给个人的包裹？

寄给企业

寄给个人

在营业时间内配送

如果客人不在家，就需要重新配送

如果能够识别包裹是否是寄给个人的包裹，就可以减少无效的配送路线

正在演讲的 DHL 的安德列·威特弗斯先生（左）和负责分析的 Teradata 的尤纳斯·苏巴顿先生

从公司内外的大数据实施机器学习，制成判别模型
公司内数据   公司外数据

90万件   420万件   40万件   200万件

过去 5 年的配送数据   顾客数据   个人姓名数据   从谷歌获得的企业信息

算出是否是寄给私人包裹的精确率

比现场配送人员的精度高出 20%

DHL 避免为个人配送国际包裹时客人不在的情况

结果表明，分辨模型的精确度比有经验的配送员高了 20%。且分辨模型将人类配送员 0.14% 的误判率降到了 0.03%。

据说在投入实地试验前，有不少相关人员都对分辨模型半信半疑，但当看到最终结果后，都开始积极支持使用该模型。公司决定在此成果基础上，在芬兰以外的两个国家进行实证试验，最终准备引进约 40 个国家的配送公司。

威特弗斯说："由于公司刚接到包裹就可以进行分辨，因此对于个人包裹的配送，能够提供调整时间的服务。希望与配送车的线路计划系统相配合，能够实现高效的配送。"

以新方法检测不正常邮件

下边介绍一个金融业的例子。美国大型银行富国银行（WELLS FARGO）为防止邮件泄漏信息，应用了 AI。

银行职员与银行外关系人进行联络的邮件中，有可能含有会对金融市场施加影响的机密信息。

银行职员没有觉察邮件泄漏了机密信息，当发生内幕交易时，金融当局会以"内部管理疏漏"为理由收取罚金。2008 年以后，在美国，金融机构支付的罚金和返还金逐年上升，甚至有时一年能达到 1.8 亿美元。

为防止信息泄漏，开发出了利用 IT 技术检测可疑邮件的方法。此前经常使用的方法是扫描邮件内容，检查是否含有机密信息中常出现的关键词或短语。

但使用这种方法常将正常的邮件判断为不正常邮件，错误率较高。

"检测 500 万个邮件的关键词和短语，有时会检测出 100 万个不正常邮件。究竟是否是不正常邮件，银行职员必须一条一条进行排查。"富国银行的分析顾问伊维拉西马·雅格指出。作为电子数据的调查检测方案，许多金融机构保存有大量的业务交往的邮件。但一天有数千万件交易的大型金融机构，并不能仔细甄别邮件内容是否恰当，这是现状。

于是富国银行将焦点放在邮件交往的密度，而非邮件内容上，以试图找到解决问题的方法。对邮件的交往，以交往密切程度为指标进行打分。通过其分值来检测不恰当邮件。

雅格先生分析的是进行邮件来往的两个人的关系，而非检测关键词和短语。如果邮件刚到，马上就回复，那么说明两人的关系密切，所开发的模型从交往人的密切程度来判断不恰当的交往。模型中采用了以数据为基础显示因果关系的贝叶斯网络。

雅格先生将 2 亿条邮件的交往输入模型，识别"不恰当来往"。结果从中随机抽取 5000 条邮件，请业务人员进行检查。

结果发现其中 99.9% 实际上含有不恰当内容，错误率仅有 0.1%。雅格先生说："希望作为新的检测电子数据的方法推广。"

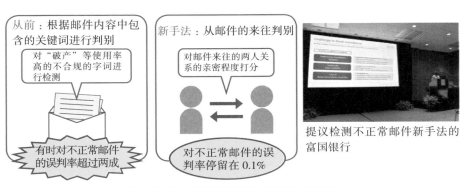

美国富国银行提议用新手法筛查不正常邮件

通过行为数据算出顾客满意度

为了解顾客对公司产品和服务的满意度，通常是采取问卷调查的形式进行调查。德国通信公司德国电信利用 AI 开发了新方法，可省却长年以来进行的顾客满意度调查工作。

该公司从各种顾客数据中抽取能够左右顾客满意度的"活动"，通过活动对顾客的影响，推导出顾客满意度指数的模型。

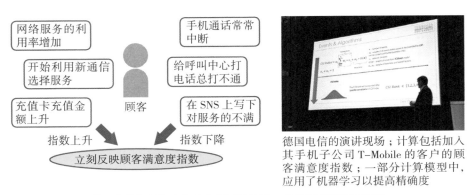

德国电信根据顾客行为和面对的事件，算出顾客满意度指数

例如，如果有些活动收到顾客的反馈是"添加了选择服务""网络连接服务比从前更好了"，就可以判断顾客满意度上升了。相反，如果"呼叫中心的电话总是接不通""手机通话中断次数增加"，这样的活动就可认为是顾客满意度降低了。通过详细捕捉顾客的这些行为和事实，将其模型化，即使不进行问卷调查，也能够推导出顾客满意度指数。

虽然令顾客满意度下降的事件发生了，但随着时间的推移，坏印象也会减弱。同时，对于已造成的坏印象，要努力去控制顾客满意度的下降。而且为了将不同活动的组合带来的影响反映在模型上，这个模型采用了叫作 XGBoost 的机器学习手法，以导出更符合实际的顾客满意度指数。

负责管理模型开发的德国电信的高级专家托马修·布朗赛兹介绍说："希望运用通过顾客与公司的所有接触所获得的数据，与每一位顾客的满意度对接。基于这种思考开发了此模型。"

已经有些实例，例如找出满意度较低的顾客进行有针对性的促销活动。"希望也能应用于检测新的服务和产品是否能够吸引顾客。"布朗赛兹先生这样希望。

1 天即时处理 600 亿件

此前我们看到许多企业正在将 AI 和大数据分析应用于商务活动，这次活动中另一个引起大家关注的是即时收集顾客行为数据以改善营销策略和提高服务水平的策略。

总社设在土耳其的欧洲第二大移动运营商 Turkcell 于 2014 年开始应用分析 80 种以上手机应用软件的顾客行为即时分析平台 Curio。

Curio 每天能够收集 1.2 亿件数据进行分析，它是在能够收集大量数据迅速发送给分析系统的开放源平台软件 Apache Kafka 和能够即时处理数据的开放源复合事件处理平台 Apache Storm 的基础上开发出来的。

Curio 能够掌握各个地区的使用者人数以及阅览内容，甚至各个阅览内容的中途放弃阅读率，还具有为加入者提供通知信息的推送通知功能。

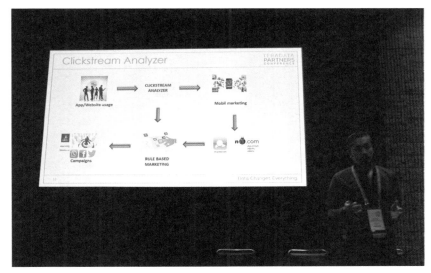

Turkcell 将及时掌握智能手机使用者反应的系统应用于市场营销

　　Turkcell 的高级 BI 分析师加纳尔·查那克说："该公司的营销负责人在网络营销活动基础上再采取下一次行动，推进非常顺利。"

　　例如，某个市场营销负责人在伊斯坦布尔面向智能手机使用客户开展另外一个应用软件的推广活动，Curio 马上能够掌握顾客的反应。如果了解到实际安装的顾客并没有增加很多，就会通过推送通知进一步进行推广。现在已能够采取这样灵活应对的营销策略。

　　2015 年新开发出了能够掌握顾客使用网络情况的"网站流量分析器"的分析系统，能够每天即时分析 600 亿份活动数据。在这个系统中，实现了以音乐推送推荐信息的功能。

（西村崇）

第 3 章

AI 伦理及开发指导方针

制定 AI 开发指导方针，要求透明度、可控性

总务省开始着手制定人工智能（AI）的开发指导方针，作为自动驾驶、聊天机器人等领域的共同开发原则，要求企业遵守透明度、可控性和保护隐私等开发原则。

该省在 2016 年年底公开了整理所有论点的文章。2017 年 1 月 31 日之前广泛收集意见，于同年 6 月底总结出方案。

关于 AI 开发指导方针，以欧美为中心正在展开讨论。总务省准备广泛收集国内企业和专家的意见后，作为先进国家共同的 AI 开发指导方针方案，向经济合作与发展组织（OECD）等机构提出提案，从而主导国际讨论。

总务省所提出的开发原则是透明度、可控性、确保安全、安全保护、

欧美关于 AI 开发的讨论实例

公布日	文件名	关于AI相关系统开发指导方针记述的要旨
2016年5月	欧洲议会法务委员会《关于机器人的民事法规则向欧洲委员会所做提案的报告方案》	伦理指导方针的框架应该依据欧盟基本权宪章中规定的人类尊严等原则
2016年10月12日	英国下议院科学技术委员会报告书《机器人与人工智能》	•作为伦理性观点，有必要认真考虑验证与稳妥性确认、决策的透明度、减少不公平现象、提升可解释性、隐私及安全等 •提议在阿兰·图灵研究所设置关于AI的常设委员会
2016年10月12日	美国白宫报告书《为人工智能的未来做好准备》	实业家们必须确保AI功能系统如下：1.可控性（governable）；2.开放性、透明度、可理解性；3.能与人类共同有效地发挥功能；4.始终符合人类的价值观及愿望
2016年10月13日	美国白宫《国家人工智能研究与发展策略规划》（根据联邦政府预算制定AI开发的方针）	AI系统需要确保安全（safe）且可靠（secure）、可控（controlled），以充分明确且充分理解的方式操作

红字是各文件中关于AI开发原则的条款
《日经计算机》根据总务省的信息通信政策研究所的资料制作

隐私保护、伦理、支持使用者、解释责任 8 项原则。

透明度原则是为了使 AI 的行为能够在事后保证可验证性，要求输入输出的数据和记录等，能够具备符合技术特性的"合理透明度"的方针。

可控性原则，是指对有可能发生不可控风险的 AI，要求其具备能使人类和其他 AI 对其进行监视或中止其行为等的功能。确保安全的原则是要求在评估当 AI 服务器受到攻击时可能给使用者和第三者的安全带来的危害及风险基础上，装有必要的服务器耐攻击性装置。

作为这些开发原则的推广策略，设想一些奖励措施。例如企业接受第三方机构认证，以认证其是否符合开发原则，当 AI 给他人带来损害时，接受认证的 AI，可以减免 AI 使用者的法律责任等。

代表性企业参与

开发指导方针的草案是由总务省信息通信政策研究所主办的产官学会议"AI 网络社会推进会议"总结制定的。但主要目的是为了向国际机构等提出提案。"并非设想直接应用于日本的法律制度。"该研究所调查研究部部长福田雅树先生说。

尽管如此，今后如果各部门制定自动驾驶等各领域的指导方针时，很有可能会参照这一开发原则。此次会议上除了精通机器人法和数据保护等 IT 政策的专家以外，还有 NTT 数据、NEC、Preferred Networks、日立制作所、日本微软、DWANGO、富士通、日本 IBM 等积极从事 AI 开发的企业参加。

总务省计划在 2017 年下半年将草案提交给 OECD，如果得到各国认可，将从 2018 年开始制定指导方针。开发与 AI 相关技术和服务的企业，从现在开始就应该关注国内外关于 AI 开发指导方针的讨论。

（浅川直辉）

AI 创投公司实力者为何反对 AI 开发指导方针

日本总务省为制定 AI 开发者开发中所需注意的原则——《AI 开发指导方针（暂定名称）》的草案而召集了产官学会议。据了解，AI 创业公司 Preferred Networks（PFN）已从中退出。

Preferred Networks 是开发深度学习的创业公司，因开发深度学习平台 Chainer 而为人所知。

总务省信息通信政策研究所主办了这次为制定以上指导方针草案而召开的产官学会议"AI 网络社会推进会议"。2016 年 12 月，公开了为制定草案所整理的论点。

该草案是日本政府为向经济合作与发展组织（OECD）进行提案而制定的，"并非设想直接应用于日本的法律制度"，该研究所声称。

但对于这一方针，参加该会议至 2017 年 1 月的 PFN 最高战略负责人丸山宏先生提出异议："如果这个开发指导方针由政府拟出，则容易限制日本的 AI 开发。"他与参加该会议的 PFN 社长兼首席执行官西川彻先生被

Preferred Networks 最高战略负责人丸山宏先生

同时从该会议委员名单中撤下。

我们就 PFN 反对这次开发指导方针的真实想法采访了丸山先生。

区分通用 AI 与狭义 AI 的讨论

"我们参加的会议中，机器学习方面的专家很少，因此不能充分反映来自机器学习开发者们的心声。与会者对于通用人工智能（笔者注：在广阔的领域能够发挥与人类同等以上的智能解决问题的 AI）与特别用于某一领域的狭义机器学习技术，不加区分进行讨论。"此前参加了会议的丸山先生对讨论方式说出了自己的不满。据说，类似《终结者》那种科幻影片中所出现的通用人工智能的威胁论，在会议上也成了讨论内容。

"以这样的讨论制定出来的开发指导方针，必定会使机器学习的创新开发受到限制。日本的开发一旦受到限制，只会对中国或美国等开发竞争对手形成有利局势。"丸山先生说。

关于总务省公布的 AI 开发指导方针所整理的论点，丸山先生指出两个问题。

一个是未明确区分设计 AI 算法的人和给 AI 实施训练的人的责任。

应用机器学习的 AI 开发工程，大体来说，分为"设计算法的工程"和"输入数据对 AI 实施训练的工程"。以深度学习来说，决定神经网络基本结构的是"设计"，而输入大量数据以调整参数，使获得正确输出的工程就是"训练"。

即使是相通的算法或神经网络结构，如果训练数据发生变化，则形成的 AI 也会完全不同。有些 AI 的开发者承担了从设计到训练全部工程，也有些训练是由用户承担的。

"但按照现在的 AI 开发指导方针草案，却只让开发者负有许多的责任，这就很奇怪了。"丸山先生这样认为。"参加会议的律师们是将对待普通制造产品责任的思考方式，生搬硬套在机器学习上，因此给人感觉是在要求普通制造产品的'品质保证书'一般。"

丸山先生认为，根据 AI 开发的实情，关于 AI 带来的结果，应该负有责任的不仅是开发者，也应该包括对其实施训练的使用者，他们应该共同分担责任。"由美国微软公司开发，不断骂脏话的聊天机器人Tay，算法开发者是微软，但实际以脏话对其实施训练的是使用者，如果只谴责微软是不公平的。"丸山先生说。

经营者可能会对使用AI产生犹豫

另一个问题是，一说是"政府制定的指导方针"，必定会成为空头制度，导致AI开发受到限制影响。丸山先生说："如果是企业或开发者团体自主制定的指导方针就不会有问题。但是如果这类方针由政府制定，就容易限制影响AI的开发。"

例如该会议制定的开发原则中有一项"透明度原则"，为了使AI的行为在事后可验证，要求输入输出的数据和记录等，能够具备符合技术特性的"合理透明度"原则。"合理"一词，是考虑到深度学习等技术本质上很容易是黑匣子技术。

但是丸山先生提醒说："如果这项开发原则由政府以指导方针的形式公布，有可能会引起企业经营者的过度反应。""因为会使企业经营者考虑'这个AI是不是有透明度呢？如果没有，就不能应用于商务'，这些顾虑恐怕会导致开发者缩手缩脚。"

在AI开发指导方针整理的论点中，还提出一个论点，即为保证开发原则的实效性，需要建立一个"企业接受第三方机构的认定，接受是否符合开发原则的认证"这一机制。"听这种叙述，似乎开发原则虽不是法律制度，但也是性质相近的方针了。"丸山先生说。

政府有其他应做的事

关于自己公司正在开发的深度学习，丸山先生说："这将切实改变计算机科学的世界。"他预测，软件开发的中心已从传统的程序设计转向神经网络设计和训练。

随着深度学习的兴起，不仅软件，硬件的构成也正在发生重大变化。丸山先生说："就在最近，使用x86服务器的云服务达到全盛时期，在深度学习中，GPU（图形处理传感器）基础设施变得非常重要。我们也在使用北海道石狩市数据中心的 GPU 服务器设施。在 NEDO（新能源产业技术综合开发机构）的支持下，与理化学研究所合作的硬件开发项目也启动了。"丸山先生说。

随着"从程序到神经网络"的转变,关于给神经网络实施训练完毕的"训练模型"或训练数据设置的知识产权问题成为世界正在热议的课题。

程序现在是以源代码的著作权形式管理知识产权，而训练模型或训练数据知识财产保护的组织结构，在世界上尚未明确确定。如果没有充分的知识产权保护，则 AI 开发缺乏激励机制。但另一方面，如果管制过度，又会限制 AI 开发的自由度，对已经走在前面的海外制造者形成有利局面。

在日本，关于训练模型的保护，内阁府及经济产业省等都有讨论，关于如何对待训练数据，日本《著作权法》第 47 条第 7 项规定，利用计算机等进行信息解析等情况，在必要的范围内，允许复制和改编著作。"根据这项规定，让 AI 读取数据的工程本身不构成侵犯著作权，这为 AI 开发保留了较高的自由度,在世界上来说也是值得骄傲的一项规定。"丸山先生说。

这样向世界表明日本的立场，深化讨论，难道不才是政府应该发挥的作用吗？丸山先生这样认为。

世界上关于 AI 开发指导方针的讨论

现在，包含日本在内，全世界都在围绕 AI 的开发指导方针展开讨论。例如，美国微软在公司内制定了以公平性、可解释性、透明度、伦理等为基础的面向技术人员的指导方针，另外它还主导着企业同行们就"AI 给人类与社会带来的影响"展开讨论的业界团体 Partnership on AI 的活动。

是以国民中逐渐扩散的威胁论为背景，政府或国际机构首先制定指导方针？还是研究者、技术开发者们真诚面对现今社会所存在的不安，在业界先制定指导方针？不管怎样，有一点毋庸置疑，那就是——有必要超越个人或企业范围，围绕 AI 开发的指导方针展开讨论。

（浅川直辉）

"AI 威胁论"源于无知：3 个误解以及真正的课题

在上述报道中介绍了 Preferred Networks 最高战略负责人丸山宏先生对于由总务省制定人工智能（AI）开发指导方针草案的行动的批判性意见。

对于该报道，读者通过 Twitter、Facebook、Hatena 书签、NewsPick 等平台发来很多反馈意见。

丸山先生自己也在 PFN 网站上刊载了补充声明，使我们能够更充分地理解他的意见。

对于 AI，在市民中存在着一些模糊不清的不安感，这是事实。去书店看看，摆放着一大排关于 AI 威胁论的书籍。政府对此不安感有所反应，也是理所当然的行为。

世间所流传的 AI 威胁论，正如丸山先生指出的那样，有许多是出于对现在 AI 技术的误解。但同时也表明，现在的 AI 技术所直面的社会上、伦理上的问题，确实需要 AI 开发者们展开讨论。

在这篇报道中，我想介绍关于 AI 威胁论的 3 个误解和真正需要展开讨论的 3 个课题。

> **误解 1**
> 终有一天 AI 可能会自发产生消灭
> 人类的想法

回答 1：以现在的 AI 技术，离"拥有自己的想法"还相距甚远。

现在能够与人类进行对话的 AI（对话 AI，聊天机器人）技术，大体来说有两个体系。

一个是根据人类预先设定的对话台词生成对话的规则基础的手法，还有一个是在庞大的对话数据库基础上，以统计型匹配的手法摸索合适答案的统计基础的手法。现在的许多聊天机器人技术大多是将两种手法结合使用生成对话的。

总之，现在的 AI，没有人类输入的对话数据，是不可能生成对话的，也就是说现在的对话 AI 还没有脱离鹦鹉学舌的阶段。从前，AI 机器人在电视节目中说"要消灭人类"，而成为热议的话题，这其实是由于提问人提问"你想消灭人类吗？"机器人只是鹦鹉学舌地进行了回答。

PFN 的丸山先生认为与人类具有相同智慧的通用人工智能将来一定能够实现，但就现在所看到的技术开发路线来说，是不可能的。笔者对此也有同感。

通用人工智能的出现确实会对社会造成很大冲击，但如果问是否它所带来的威胁大到现在就需要给 AI 的开发加以制约，或者问是否现在的技术已经发展到这种程度，回答只能是 No。即使在第 3 次 AI 热潮中，可称为智能中枢的语言功能的进展仍比较缓慢。

AI 反映了人类社会的歧视观念？

另一方面，"AI 的行为举止由数据决定"这一点，向我们提出了关于 AI 新的伦理课题。典型的例子就是 AI 会做出当初 AI 开发者没有意识到的种族歧视性的判断。

关于 AI 与种族歧视的著名的例子是"3 个黑人少年（three black teenagers）"。当将"3 个白人少年（three white teenagers）"作为关键词输入谷歌，进行图像检索，会显示出快乐的 3 名白人图像，而输入"3 个黑人少年（three black teenagers）"，却会显示似乎是在警察署拍摄的嫌疑犯头像。

这被认为是由于在网上有许多非洲裔美国人罪犯头像的缘故。美国微软（MS）限制管理相关领域负责人大卫·A.海纳副总裁对此表示："这是机器学习将世界原样复制的结果，只要世界上存在种族歧视，那么就会被 AI 反映出来。"

在有些 AI 的应用领域，也有可能会因 AI 的歧视产生金钱上的损失。

例如，损失保险公司开发出基于机器学习自动计算保险费的 AI，该保险公司将过去加入保险的客户的姓名、头像、住址、出生年月、行动履历等个人数据输入 AI，以这些数据和客户所支付的保险金对其实施训练。

该 AI 通过姓名和头像，自动抽取出了与种族或宗教相关联的特征，结果因属于特定的种族或宗教，即使其他参数都相同，AI 也会计算出高额保险费，现实中确实可能会出现这种情况。

关于这种无法预期的 AI 的判断，笔者采访的 AI 开发者们的看法分为两种：一种看法认为既然是在现实数据基础上算出的高额保险费，那么这个保险费就是正当的。另一种看法认为，原本姓名和头像数据就容易诱导出 AI 的种族歧视，就不应该输入这些数据。

仅限制输入姓名或头像，未必就能够消除危机。AI 从行动记录分析人的饮食及购买的商品，结果从"智能手机的加速数据能够判断出其是否在特定时刻有礼拜"，仍能形成歧视性的判断。

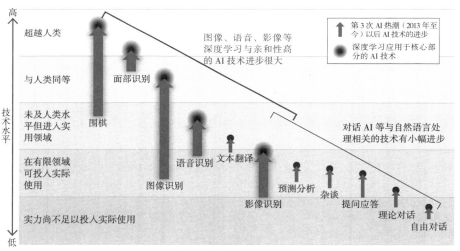

AI 的实力根据领域各不相同

（出处：《日经计算机》2016 年 4 月 28 日期）

以上所提到的关于脸部识别技术的议论，既有意见认为"如果是面向日本市场开发的脸部识别技术，那么即使日本人以外的民族和种族数据很少也没有问题"，而另外一些意见则认为"那么做会对访日的外国人不利，应该作为课题重视"。读者您倾向于哪种意见呢？

AI 是黑匣子？由于缺乏决策 透明度因此无法应用

回答 2：关于使 AI 不成为完全的黑匣子的开发工作正在向前推进。

作为引发第 3 次 AI 热潮的关键要素，深度学习（经过多层神经网络的机器学习），与通常的程序相比较，黑匣子性质更强烈，这是毋庸置疑的。因为，如果是通常的程序，通过追踪代码能够确认算法，但在深度学习中，没有人类能读懂的理论代码，只有表示各神经网络连接强弱的参数。

但现在，对以深度学习为首的 AI 技术，提高其透明度的手法，人们不断地做尝试，已经不能一概而论地称"AI 就是黑匣子"。

例如在自动驾驶 AI 领域，丰田汽车的人工智能（AI）研究开发子公司美国丰田研究所（TRI）与半导体领域大型企业美国英伟达公司正在从两个不同路径提高 AI 的透明度。

TRI 的 CEO（首席执行官）吉尔·布拉德先生所研究的是"可解释的自动驾驶 AI"。将自动驾驶软件划分为通过光学传感器和雷达信息来识别物体存在的"认知层"和以此认知为基础决定驾驶员行动的"行动层"，尤其是后者是以一般的

TRI 的 CEO（首席执行官）吉尔·布拉德先生

美国英伟达（NVDA）开发的技术，通过该技术，可看到 AI 是注视前方图像的哪里在实施导向的

（出处：美国英伟达 https://blogs.nvidia.co.jp/2017/05/09/how-nvidias-neural-net-makes-decisions/）

程序形式组成的，能够被解析。

另一方面，美国英伟达公司开发的以深度学习为基础的自动驾驶软件PilotNet 是采取认知层和行动层均由神经网络来承担的所谓端对端原理的方法。该公司同时在开发一项技术，通过该技术，可以看到经过深度学习的神经网络是注视前方图像的哪里在实施导向的。通过提升神经网络行动的可视化，使黑匣子不再是黑匣子。

这个 AI 站在谁的一边？

在 AI 的透明度方面，已经有比深度学习的黑匣子性更加重要的问题。那就是在 AI 算法中悄悄反映与 AI 相关的利害关系的问题，更简单来说，就是"AI 秘密行销"。

某个私人助手程序向客户推荐"如果饿了，推荐您去 A 店"。如果只是因为 A 店向提供助手服务的企业付了广告费，作为回报，私人助手程序提出了此建议，那么这个推荐建议就可以说是一种秘密行销。

如果在谷歌检索，检索结果能够以"广告相关的检索结果"和"普通检索结果"来区分显示，这样容易避免秘密行销问题。但在私人助手对话的用户界面（UI），如果区分广告和非广告，就会使对话显得不自然。总不能让 AI 说："推荐您去 A 店和 B 店。前者是广告，后者非广告。"

不仅仅是私人助手，只要是 AI 具有帮助人类做决定，或给予建议的功能，都有可能产生这个问题："这个 AI 究竟是站在谁的一边？"

这样是否需要定一个规则来公开 AI 背景中所有的利益关系？或者不将它看作是应该以制度来束缚的问题？您倾向于哪种意见呢？

让自动驾驶之类的 AI 来对人类生命实施抉择是对人类尊严的冒犯?

回答 3：实际上由 AI 对生命实施抉择的情况几乎没有。

作为妨碍自动驾驶 AI 应用的障碍，有时可以以伦理学领域知名的思想实验"电车难题"为例来对照说明，即提出以下疑问："如果自动驾驶的汽车马上要与有许多孩子乘坐的汽车相撞时，自动驾驶 AI 为拯救多数孩子的性命，将方向盘转向悬崖，牺牲车内司机的性命，这种判断在伦理上是否许可呢？"

笔者认为这种电车难题不会妨碍自动驾驶 AI 的应用。实际上，据我所知，许多 AI 开发者没有把电车难题当作现实中的障碍。

例如，TRI 的 CEO 吉尔·布拉德先生在 2016 年 6 月举行的一次谷歌记者见面会时，面对记者关于电车难题的提问，回答道："原本不使人陷入电车难题那样的危机状态，正是自动驾驶 AI 应该发挥的作用。"

自动驾驶 AI 通过能观察 360 度的激光传感器和各种图像传感器，能够观察到人类驾驶者所不能看到的死角。正因此，才能比人类更容易避免未知的危机。

假如陷入了相当于电车危机的危机状况，自动驾驶 AI 应该不会转方向盘，而是优先踩急刹车减速。这样可能会增加与后边车产生追尾的风险，但追尾一般会追究后边车的责任，而为避免事故的急刹车，无论在法律上还是伦理上，都没有问题。

原本连伦理学家都无法解决的电车难题，却给 AI 强加伦理责任，可以说这样做本身就不正常。当遇到突发危险时，AI 只要能采取比人类更强的应对措施，就应该算是及格了，我们难道不应该采取这样的评价方式吗？

将驾驶推给人类，原本就是在伦理上有问题的？

说"比人类强"，实际上自动驾驶 AI 比人类驾驶员具有更高的避免事故发生率。美国特斯拉汽车的半自动驾驶功能 Autopilot 的事故发生率已经比人类驾驶的低了。

这样就会产生与 AI 相关的一个新的伦理问题："将驾驶推给人类，在伦理上是正确的吗？"

例如，人类驾驶员因为疲劳，缺乏睡眠，而造成蛇形驾驶，这样发生事故的危险增加。这种情况下，自动驾驶 AI 即使是违反了驾驶员的意志，夺过汽车控制权，代为驾驶，或者将其停在安全位置，这样做可能能够减少事故发生。

实际上，一架飞机采用的设计思想是——在自动着陆等特定情况下，不听从飞行员的命令，而是优先听从计算机（自动驾机）的命令。

AI 违背用户的意图抢夺驾驶控制权，这是无法容许的违背人类尊严的行为吗？还是交托于事故发生率更低的 AI 更符合伦理观？读者是怎样考虑的呢？

AI 与伦理：无止境的讨论

尽管 AI 威胁论的说法有些夸大其词，但现在许多 AI 技术确实已经面临伦理方面的课题。饱受批判的"AI 开发指导原则"在唤起人们的讨论这一点来说，可以说是发挥了重要的作用。

（浅川直辉）

AI 与伦理：热点争议话题

使人工智能（AI）具有伦理性的讨论，在企业和学术界正在激烈地展开。美国微软（MS）限制管理相关领域负责人大卫·A. 海纳副总裁 2017年 3 月 16 日在东京举行的记者招待会上介绍了该公司称为 "Trusted AI（值得信赖的 AI）" 的系统。设计以公平性、可解释性、透明度、伦理为原则，旨在获得用户信赖的 AI，为获得信赖要公开必要的信息。据称，公司内正在制定这样面向技术人员的指导方针。

微软所思考的 "AI 与伦理"

海纳先生在提到关于具有伦理性 AI 的开发框架时强调了两点，即 "信赖与安全性" 和 "公正与尊重"。

海纳先生说，一种情况是 AI 的 "信赖与安全性" 受到威胁，即 AI 只受到不充分数据训练，或不能反映全世界完整数据的情况。

例如，初期的脸部识别技术中训练数据仅由白人数据构成，结果电脑

美国微软（MS）限制管理相关领域负责人大卫·A. 海纳副总裁

只能识别白人特有的眼睛特征，从而使其对于亚洲人脸部的识别率不高。海纳先生说："对于这种情况，从一开始就应该收集全世界的完整数据为训练数据。"

此外，关于自动驾驶或医疗等领域不充分的训练数据很容易给人类带来危害，他说，对于预想之外的情况也有必要进行充分的训练。

即使 AI 学习了世界的完整数据，但并不能解决围绕 AI 与伦理的问题。由于学习了世界的完整数据，这样 AI 自身也就学习到了世界上存在的人类歧视的意识，很有可能会动摇"公正与尊重"的开发原则。

海纳先生介绍了知名的"3 个黑人少年（three black teenagers）"的例子，据说，输入"3 个白人少年（three white teenagers）"的关键词，在谷歌图像检索中进行检索，会显示 3 名快乐的白人少年图像，而输入"3 个黑人少年（three black teenagers）"检索，则显示出似乎是警察署所拍摄的 3 名嫌疑犯的图像。

"为什么会出现这样的结果？并非谁做了程序设计，只是由于网上有许多非洲裔美国人罪犯头像，因此计算机进行机器学习之后就显示了这样的结果。"海纳先生说。

"机器学习会原样模拟世界的模样，因此如果世界上存在人种歧视，那就会反映在 AI 上。"

关于图像检索的另外一个知名的例子是检索"CEO"的例子。"通过谷歌尝试检索'CEO'图像，显示的多半是男性，几乎不见女性的图像。"海纳先生介绍说。

当然这一结果也并非程序设计员有意为之，而是世界上的 CEO（首席执行官）多为男性这一事实，以及媒体报道的性别倾向在检索结果中的显示。海纳先生说："但通过图像检索 AI，人们很有可能会受到某种程度的权威性的影响。看到这些检索结果的少女很容易解释为'CEO 不是女性的工作'。"为了公正附带说一句，通过微软 Bing 检索，也会出现相同的结果。

对这个问题的根源进行追究，就会归结为以下问题：原本人类和社会自身做着非伦理行为，又如何在学习了这些行为的 AI 身上谋求伦理性呢？海纳先生说："每个人价值观不同，这是一个非常难的问题，但我们不得不认真思考它。"

超越企业的讨论

美国微软公司现在在公司内设置 AI 与伦理委员会，正在制定面向开发人员的指导方针。海纳先生说："许多技术人员与社会科学家不同，并不会总是思考伦理问题。"因此原美国人工智能学会会长、MS 技术研究员埃里克·霍乐贝茨先生正在一同制定技术人员容易参照的指导原则。

在公司外所做的工作中，参加了上述埃里克·霍乐贝茨所主导的非营利组织 Partnership on AI。

该公司于 2016 年 9 月成立，是讨论 AI 给人类和社会带来影响的一个平台。除 MS 之外，美国电商亚马逊、美国 Facebook、美国 Google 及其子公司 DeepMind、美国 IBM 等都已加盟。2017 年 1 月，美国 Apple 也宣布加盟。2017 年 4 月将在美国芝加哥召开该组织会议，据说"日本企业会议之前也有望加盟"，海纳先生说。

此外在学术界，美电气电子学会（IEEE）公布了关于 AI 伦理性课题的文件，该文件中收集了 2017 年 3 月 6 日之前的公众意见。

在日本展开的热烈讨论

关于"AI 与伦理"的讨论，在日本也在激烈展开。人工智能学会于 2017 年 2 月 28 日在理事会认可通过了《人工智能学会伦理指导方针》。在该方针的条文中写有"包含依照本伦理指导方针制造的人工制造物也适用本伦理指导方针这一递归性"（人工智能学会伦理委员会委员长松尾丰的说明）、向开发者及其成果 AI 双方要求伦理性的内容。

总务省也开始着手制定 AI 的开发指导方针，旨在在收集国内企业和专家意见基础上向经济合作开发组织（OECD）等提出发达国家共用的 AI 开发指导方针草案，以主导国际讨论。

关于此指导方针草案，总务省说"并非设想直接应用于日本的法律制度"，但对于这项非民间主导，而由政府主导的指导方针草案的制定工作，从参加讨论的企业中传出了提醒、警告的声音。

在以民营企业和学术界为中心展开的围绕"AI与伦理"的热烈讨论背后，似乎含有对于这种政府层面行为要抢占先机的含义。

（浅川直辉）

AI 发生事故，如何追责

面对人工智能（AI）未来将成为人类社会的一员，应该制定开发与利用所必需的相关指导方针或伦理的规定——世界正在围绕这一问题展开讨论。

在政府机关，欧洲议会曾在 2017 年 1 月建议制定包括 AI 在内的机器人相关规则，将来很有可能走向法制化。在个人信息保护的法制化方面卓有成效的 OECD（经济合作与发展组织）准备自 2017 年秋开始将 AI 作为议题提出。

在民间，以谷歌、IBM、微软等美国 IT 大型企业为首发起的 Partnership on AI 关于 AI 开发和使用阶段所要求的伦理概念开始展开讨论。在日本，人工智能学会于 2017 年 3 月发布了 AI 开发应遵守的《伦理指导方针》。

另一方面，针对政府制定 AI 的相关伦理规定或治党方针的行为，一些研究开发者中开始出现不同意见，甚至展开批评，诸如"会限制 AI 的开发""将 SF'科幻'中的 AI 威胁论生搬硬套在现实的 AI 开发上，进行荒谬的议论"等批判意见。

在日本尤其引起关注的是针对总务省推行的《AI 开发指导方针（暂定名称）》的批判。AI 开发创投公司的 Preferred Networks（PFN）社长兼首席执行官西川彻和最高战略负责人丸山宏虽参加了制定草案的会议"AI 网络社会推进会议"，但后来却从构成人员中退出了。

丸山先生除了批判会议讨论中"机器学习的专家很少，不能充分反映开发者的真正心声"外，还敲响警钟指出指导方针的制定最终会限制日本 AI 的开发。

针对丸山先生等一些开发者的批判和担心，推进指导方针制定的总务省和相关人员是什么想法？由日本提出制定伦理规定及开发指导方针的意义究竟何在？

在本报道中，作为会议的构成人员和推进指导方针制定的代表，关于来自开发者的批判，我们直率地采访了信息通信事业顾问克洛斯科塔图亚先生（庆应义塾大学特聘副教授、企业董事长）。

克洛斯科塔图亚先生

对于批判性意见，克洛斯科强调的是，开发指导方针的目的不仅不是让 AI 开发者承担更多的责任，反而是在限定开发者的责任，同时解决 AI 的问题。例如，在确保"透明度"方面，包括某种程度上接受 AI 行为是黑匣子行为，同时强调，在事故发生时优先探明原因等。

现阶段不可能实现"AI 法制化"

问：已公开的 AI 开发指导方针草案整理的论点中，包含"确保 AI 的透明度、可解释性"等内容，指导方针会转变为法律制度吗？

答：这种表达叙述可能使人担心"将来会制定为法律规定"，但我可以断言，即使最终指导方针公布出来，这个内容也不会转变为法律制度。

我不是法学专家，但如果将这种抽象的理念法制化，可以说是在轻视法理了。而且对于"保护谁"没有明确规定的法律规定，是不可能有的吧。希望作为在开发和利用 AI 时的规范，将指导方针作为一个理念来示人——即"我们'日本'是这样认为的"。

问：PFN 的丸山先生等人批判了会议的讨论方式，从会议构成人员中退出了。现在有许多来自开发者对指导方针的担心和批判，您对此有什么见解，有什么反驳意见？首先有批判意见认为，讨论中混淆了已处于实用阶段的特定领域人工智能——机器学习技术和离实用阶段尚远的"通用 AI"。

答：首先非常遗憾，丸山先生辞去了会议构成人员的身份，非常欢迎对于会议的讨论能够提出具体的批判意见。对于政府制定指导方针的行为，应该有各种各样的意见，具体的意见有利于展开更完善的讨论。

还有一种分类方法，在翻译或图像识别等特定领域使用机器学习的 AI 是"弱人工智能"，在更宽广领域能够发挥超人类能力的通用 AI 尚处于基础研究阶段，属于"强人工智能"。第一个批判是说在会议讨论中过于混淆了弱人工智能和强人工智能，从开发非自主的弱人工智能的人看来，预测尚处于基础研究阶段的强人工智能并进行讨论，"简直是荒唐无稽"，他们想表达的意见，我能够理解。

但现在弱人工智能对社会产生的巨大影响已经使二者的区分变得不再有意义，弱人工智能和强人工智能的共同之处在于，整个数据连锁的生态系统决定一切。

某个 AI 输出的数据被其他 AI 所吸收实施训练的"AI 伙伴连锁"已经开始。最终仅由 AI 完成的反馈组（封闭的数据循环）会出现。在聊天机器人领域，可能很快就将出现只由机器人自身生成对话数据的实例。

到那时还能说"非自主的弱人工智能没关系,能够控制 AI 的行为""给社会带来重大恶劣影响的设想是空想"吗？在讨论指导方针时，"现在技术只可能实现到这里，讨论也仅到这里就可以了"这种设限方式是不是太过约束了？

使用者也要承担 AI 的产品责任

问：丸山先生批判会议的讨论说："现在的指导方针草案使开发者承担许多责任，有意见认为难道对于 AI 开发者要追究类似质量保证的产品责任吗？"

答：这里有很大的误解。会议上法律专家的发言及讨论的意图，完全不是向开发者追究普通产品责任的质量保证。但丸山先生似乎这样理解了，因此对会议的讨论展开方式产生了疑问。

会议上以刹车损坏的推车在轨道上行驶，遇到前方有作业人员时的"推车问题"为例，来指出"产品责任的思考方式可以作为参考，但对制造者追究 AI 的产品责任是很困难的""容易产生矛盾"等问题。

AI 的行为一般由开发者开发和装入的算法以及很多时候由使用者输入的数据来决定。决定 AI 所控制的推车行为的是开发者还是使用者？使用者也是开发者的话，让使用者承担责任吗？如此不能在现存框架内应对的关于 AI 的问题，成为会议讨论的焦点。

随着 AI 网络化的发展，开发者与使用者的区别也随之变得混沌。我认为，围绕 AI 的伦理规定的问题，实际上核心在这里。我个人认为，与针对开发者的指导方针相比，制定与 AI 使用相关的指导方针更加重要。

问：指导方针草案中提出 AI 透明度原则，这一点也有人表示了担心。现在的深度学习技术是黑匣子技术，难以解释清楚 AI 的行为。丸山先生也担心，企业经营者会对"透明度"一词过度反应，而对新技术应用踟蹰不前。

答：不仅限于 AI，保持黑匣子的状态使用技术，也是没办法的事。指导方针草案中，并没有说"没有透明度"的 AI 不应该使用，我认为也不应该这样规定。但不可解释和难以解释应该区分来思考。为求一个能够提高透明度、确保可解释性的构造体系，才将这几项列入了草案。

优先进行事故调查，制造者和应用企业免责

有一些并不能全部解释的技术，却在社会上被使用，飞机就是代表性的例子。飞机在空中飞翔的结构中也有未弄清楚的部分，但在使用该项技术时，先商定如何减少事故，以及事故发生时如何处理。结果因飞机失事所带来的死亡事故与汽车交通事故相比较，正在大幅减少，飞机正在成为最安全的一种交通工具。

与飞机一样，弄清楚 AI 中尚不明晰之处的机会，正是发生错误或发生事故的时候。因此应该明确地验证为何发生事故和错误。

以飞机为例，在许多国家中，当发生客机事故时，航空行政管理机关最优先做的事情是查找事故发生的原因，这已经成为国际共识。对航空公司或飞机制造者免去部分刑事责任，优先调查事故发生原因，然后再考虑追究刑事责任，这样做才确立了今天具有较高安全性的航空飞行。

AI 也一样，一方面应该考虑限定开发者或创投企业应负的责任，另一方面让调查机构优先查明错误或事故的发生原因，或者请开发者协助弄清原因。运输行政管理机关的讨论是必要的，在思考社会如何接受 4 级等高度自动驾驶技术时，这可能是重要的一个视角。

问：在开发指导方针草案的"可控性原则"中，关于有不可控风险的 AI，要求具备能够使人类或其他 AI 监视并制止其行为的功能。

答：坦率地说，关于可控性，还有必要不断地进行深入讨论，现在还处于继续讨论的阶段。

无论是自动驾驶，还是自主机器人，AI 的可控性最终会发展至"是否设置死亡开关"的相关讨论。有些讨论就涉及当自动驾驶车失去控制乱跑，或发生机器人叛乱时，应该设置死亡开关。

欧洲的 AI 规范化活动、日本应该现在发起行动

但在许多 AI 联动的 AI 网络中，只制止一个 AI，却无法控制整体，甚至可能使情况变得更加糟糕。例如，在由自动驾驶汽车组成的车队里，其中一名驾驶员踩刹车是不被允许的。

在欧洲等汽车制造商中，已经在讨论"随着自动驾驶 AI 的发展，应该禁止对情况的判断能力不如 AI 的人类介入驾驶"。考虑到这种影响,对于不应该设置 AI 死亡开关的意见也是有其合理性的。

问:总务省说明,2017 年 6 月公布的《AI 开发指导方针(暂定名称)》的草案是旨在向 OECD 提出提案来讨论的。为什么要力争由日本发起呢?

答:首先在日本国内,构建能够展开关于 AI 开发规范或伦理的讨论体制非常重要。关于这个问题,日本的思考如果仍是白纸一张,那么当国际上掀起讨论热潮时,很有可能出现欧美等特定地区凭借其有利条件制定出国际规则。

在个人信息保护、网络、安全等信息通信的法制化方面,日本已经落在后边了。AI 是一个极具影响力的大领域,在这个领域应该从根上避免形成对海外有利的情况。

OECD 预计于 2017 年秋季召开的 CDEP(数据经济政策委员会)上,将把 AI 作为议题,因此日本在这里以交出提案为目标。最终也有可能形成 OECD 指导方针。但在 OECD 形成规则并非意味着马上在日本国内会走向法制化。

在信息通信领域,OECD 过去作为"政策建议"倡导实施法制化的有个人信息保护和安全等,个人信息保护指导方针是 1980 年被建议制定的,但在日本《个人信息保护法》首次施行是在 2003 年。而关于安全,现在在日本国内还没有相应的法律。为国际讨论做好准备是很重要的。

日本在 2016 年国内召开的"G7 香川高松信息通信大臣会议"上，提出应将 AI 开发指导方针作为提案提交国际组织，向国际上呼吁展开讨论。很早就开始进行的这一讨论，受到一定的国际好评。

美国 IT 大型公司成立的 Partnership on AI 也对日本的努力表示赞赏，总务省所主持的关于此问题的研讨会上，也吸引了许多相关人员来日参加，进行了深入的交流。

在欧洲，欧洲议会于 2017 年 1 月提出建议制定机器人相关规则，即开始展开关于"Robot Law"的讨论。我与欧联的政策相关负责人交流过，当然这也包括我个人的意见，在欧洲的相关讨论中，并没有将装入 AI 的机器人和只作为软件实际安装阶段的 AI，甚至大数据或 IoT（物联网）进行区分来讨论，而是共同放入讨论范围来进行讨论的。

欧盟的产业界对欧盟内汽车、电机或 IT 等 AI 政策十分关心，欧盟主要是出于对基本人权的考虑，谋求与产业界达成共识。总之，欧盟在个人信息保护领域有成功经验，通过了"欧盟数据保护规则"，其中对违反规则企业的惩罚有所加重。不可否认，有可能会出台对训练数据的处理等信息使用方面进行严厉管制的规则。

（玄忠雄）

专家谈去 AI 威胁论：
将 AI 分为"通用 AI"和"专用 AI"是错误的

人工智能（AI）原本就是通用之物。将 AI 区分为"专用 AI"和"通用 AI"进行讨论，本身就是错误的。

持这种主张的是以《数据的隐形之手》一书为人所知的日立制作所开发小组技师长、IEEE Fellow 的矢野和男先生。

"通用人工智能"一词一般指获得与人类同等智力的 AI，它与《终结者》等科幻电影中出现的 AI 形象相吻合，这是 AI 被看作人类威胁的源头。

Preferred Networks（PFN）最高战略负责人丸山宏先生主张应该将 AI 分为在所有方面都与人类具有同等甚至以上的智力的"通用人工智能"和在某个特定任务上显示其智力的"专用人工智能"，在此基础上再进行讨论。

对此矢野先生却认为，将 AI 分为通用和专用，展开二元论讨论，乍看似乎使讨论更容易展开，实则反而使讨论更加混乱。

日立制作所开发小组技师长、IEEE Fellow 的矢野和男先生

该主张未必与丸山先生的主张相对立，在非专业人士中常见的关于 AI 的误解，从其他观点不同的角度来看，反而会有一丝光亮照进来。

在讨论 AI 的开发指导方针和伦理规范时，究竟应该如何理解 AI 这个词？我们介绍一下日立制作所领导 AI 研究的矢野先生的见解。

问：为什么说"通用 AI"与"专用 AI"的二元论思想是错误的？

答：简而言之，AI 原本就是通用的。AI 的开发目标就是不断提升 AI 的通用性。在这里加入"通用 AI""专用 AI"这样的二元论用语，反而会使讨论十分混乱。

关于 AI 的定义因人而异，我认为 AI 的本质是"通用性高于一般软件"。

程序上所写的通常的软件，是设定特定的用途，实现以逻辑（理论）来决定其行为。而 AI 是通过训练灵活改变内部参数以应对多种多样的问题。因此可以说，AI 比通常的软件通用性更高。

AI 的进化史，就是持续不断地提高 AI 的通用性，以替换专用软件或通用性低的 AI。近来兴起的 AI 热潮，也是缘于深度学习开始应用于从图像识别至语言等各个领域，而使 AI 的通用程度提升到了应用的阶段。

关注现今的技术水平，哪些地方用通用性高的 AI 技术，哪些地方用专用软件技术？思考其界面，才是工程的本质吧。

问：从前，将具有与人类相当智力的 AI 称为通用人工智能（Artificial General Intelligence，原本正确的翻译是"人工通用智能"），是不是这样称呼本身就是错误之源呢？

答：我个人认为具有与人类相同甚至超出人类智力的 AI 是非现实的，但作为开发的对象是有其意义的。而与此相比，将具有与人类相当智力以外的 AI 都称为"专用 AI"，这才更是有问题的。

实际上，所谓专用是指 AI 的利用目的，即是处理图像还是处理语言。并不是指 AI 技术本身可以二分为"通用"和"专用"。

日立制作所将自己公司的 AI 技术"H"称为多目的人工智能，理由就在这里。应用于铁路、电梯、物流等自己公司的各个领域，在不断试错的过程中，开发出了比从前通用性更高的 AI 技术，这是日立制作所引以为傲之处。

问：AI 的通用程度阶段性地不断发展提升，那么现在在什么样的水平呢？

答：以我们的分类来说，包括"H"在内的现行 AI 技术水平相当于 2 级水平。

1 级水平是指专用于推荐建议、回答提问等用途的 AI。在通常的程序中装入机器学习的程序库，能够自己学习数据以改变内部参数。在这点上，它比通常的程序具有更高的通用性。

2 级水平是根据人类设定的目标和输入的数据，找到各种问题的最佳解答。具有可广泛应用于物流、零售、金融等各个领域的通用性。

3 级水平是根据人类设定的目标，AI 自己能够找出手机数据和分析数据的手段。学会的最尖端技术就是以实现 3 级水平技术为目标的。

4 级水平是为达到人类所设定的目标，AI 能够独自找出问题范围的水平。例如，针对"提升店铺的营业额"这一目标，能够超越"改变商品的摆放位置""改变店员的行为"等通常的问题范围，提出"在店铺前修一条新的公路"等崭新想法的 AI。这一级水平，还没有任何人能够实现。

再进一步，如果出现能够设定目标本身的 AI，则或许可称为"具有接近人类智力的 AI"了，但现在尚属于空想的领域。

问：看起来到 3 级、4 级水平，随着通用性的提高，"AI 似乎能够替代人类的上司来进行决策"了。像这样通用性极高的 AI，有可能发生怎样的社会问题和伦理问题呢？

答：首先，作为前提，我认为，"AI 进行决策""AI 驾驶"等，将 AI 作为主语，拟人化进行讨论本身就是容易招致误解的源头。AI 终究只是工具，具体决定其运作原理和制约的是人类。

　　拿自动驾驶 AI 来说，自动驾驶 AI 的开发者、决定利用 AI 的驾驶员、执行交通法规的执法当局，这些"人类"都要分担一些责任。在这一点上，AI 与其他普通的工具没有任何区别。关于某工具的使用，工具的开发者、使用者、规则制定者都理所当然应该承担自己相应的部分责任，这不是什么新的规定。

　　将 AI 拟人化的讨论，对于熟知 AI 的专家们是以隐喻的手法论述，这没有问题，但需要注意这容易使不了解 AI 的非专业人员产生误解。非专业人员会联想到《终结者》或 R2-D2，这样讨论完全不能建设性地展开了。

　　"AI 进行决策"这类的话，容易引起恐慌，使人担心 AI 会在人类完全不可预知的事情上做出什么决策，因此应该避免在讨论中使用。

　　有些人讨论说："深度学习是黑匣子，很难弄清楚判断标准。"要我说，再没有如此容易搞明白的技术了。因为"调整减少目标数值和预测之间误差的内部参数"的方法本身是明确的。如何利用 AI 基于此方法做出判断，这就是人类所决定的了。

讨论对象应是"监督式学习及其派生形式"，而非 AI

　　以"监督式学习及其派生形式"来替代 AI 一词，问题就很清楚了。

　　通过基于过去数据的"监督式学习"做出判断，听从这样的判断，应用于专用的用途，这是反伦理的，还是合理的？这正是关于"监督式学习"

的问题，是 AI 专家和非专家们应当共同展开讨论的。

问：以对话机器人为代表的一部分 AI，刻意使用拟人化的用户界面，这一点也加剧了非专业人员的混乱。

答：像聊天机器人那样的拟人化界面很久以前就有，并没有什么新鲜。追溯过去，管制约束这样的界面，也毫无意义。

但是，作为常识，大家应该了解，在聊天机器人的背后是研究开发它的人类。

（浅川直辉）

AI 开发不需要法律约束，应该以"软法"进行管理

对于将来不断发展的人工智能（AI）等技术，如果以硬法令来约束，条文中容易出现许多漏洞，因此，在这之前应该请专家们制定软法。

法律哲学专家、总务省主导的产官学会议"AI 网络社会推进会议"成员之一、庆应义塾大学法学部的大屋雄裕教授这样解读由该会议制定的《AI 开发指导方针（暂定名称）》的意义。

大屋教授以包含 IT 在内的技术发展会给社会和个人带来怎样的变化为视角，正在研究管理技术的法律制度应以何种形式来制定。我们就 AI 开发指导方针的制定目的以及从法律哲学角度如何看"AI 与伦理"，采访了大屋教授。

问：在 AI 开发者中，有一些人对于政府以指导方针的形式对正在发展中的 AI 进行束缚，持有反对意见。

答：首先，前提是对 AI 技术社会应该如何管理已经成为世界性的议题。

庆应义塾大学法学部的大屋雄裕教授

在第 3 次 AI 热潮中，AI 实际上已经与商务及社会成果密切相关，对快速发展的 AI 技术，社会应该如何对待，在美国和欧洲已经开始展开讨论。

对于世界开始讨论的问题，过去的模式往往是"日本跟不上世界讨论，使原本想做的事情做不成了"。

或者也有人担心，日本不想介入的话题被抢先提出来。例如在 AI 及机器人领域的军事利用问题。如果美国提出把民生和军事放在同一平面对待的方针，日本是无法接受的。

制定《AI 开发指导方针（暂定名称）》的 AI 网络社会推进会议的意图就是考虑到"应该积极参与这个国际性讨论"。

2016 年 4 月，G7 香川高松信息通信大臣会议中，高市早苗总务大臣关于 AI 开发提出了 8 项原则，提议在 G7 及 OECD 中展开国际性讨论。8 项原则是"透明度""可控性""确保安全""安全保护""隐私保护""伦理（对人类尊严和个人自主的尊重）""支持使用者""解释责任"。

我虽然并非是会议代言人，保持这个率先的地位，以最终形成具体提案，应该是此推进会议的主旨吧。

AI 技术今后还会发展，2030 年之后的世界会变成怎样，我们无从得知。将目光放在几十年后，制定的开发原则必须能够灵活地适应各种情况，推进会议旨在现今 AI 开发的初期阶段就努力去达成世界的共识。

问：听说 2017 年 6 月将在公共讨论的基础上公布 AI 开发指导方针的草案，会有多么具体的项目被列入草案中呢？

答：如果具体讨论 AI 需要多大的透明度，那就会让讨论变得错综复杂，起码在透明度原则这一点上没有异议，就希望达到这个程度的共识。

在推进会议上，有来自产业界和学术界的意见指出"阻碍了创新就令人困扰了"，最终草案可能会照顾到这种意见。

但如果对"开发中要认真考虑可追究性和安全性"存有异议，这就让我们为难了。这次的指导方针仅仅希望大家在将某个技术引进社会时，要有认真的思考，就是这样一个程度。疯狂科学家另当别论，应该是让多数

AI 专家易于接受的内容。

非硬法而是软法

这次制定指导方针，完全没有想要形成法规。不如说当初的目的是以软法（没有法律强制力的规范）而非硬法（法令）来管理 AI 技术。

假如社会上 AI 威胁论的论调不断高涨，那么易受舆论影响的立法政府，很可能会去制定硬法来进行规范了。

假如以硬法管制正处于发展中的 AI 等技术，则条文中会埋伏许多漏洞，最终阻碍技术的发展。因此在此之前汇集专家来制定软法，这是当初活动的宗旨。

问：1980 年 OECD 采纳的个人隐私指导原则，最终都反映在了包括日本在内的各国个人信息保护法中。

答：这次的指导方针是有共识，不形成法规的。恐怕 OECD 将 AI 的开发原则形成指导方针之后，也不会发展至形成具体的立法的。

或者有可能不是反映在法规上，而是反映在推进法或基本法中。总之与 OECD 个人隐私指导方针是不同的定位。

问：有批评意见认为，在公开的 AI 开发指导方针草案的论点整理中，没有讨论 AI 开发者与向 AI 输入训练数据的使用者应该承担的责任。

答：在推进会议中，AI 开发指导方针是将 AI 的基础技术，即以 AI 框架的开发为对象的。关于企业及个人将训练数据输入 AI 框架的使用 AI 的行为，准备在开发指导方针之后的《AI 利用使用指导方针（暂定名称）》中进行讨论。

问：AI 开发指导方针的覆盖范围是"AI 的框架"，这样说对于技术人员来说感觉难以理解。例如，美国 IBM 的认知系统基础 Watson 是一种框架，但其中一部分功能是已经实施了数据训练的。对谷歌的软件开放平台

Tensorflow 也不能因要求可控性而要求其设有死亡开关。

答：是的。确实在推进会议的讨论中，对于开发和利用使用的区分是模糊的。在美国和欧洲，也没有将开发和利用使用分离开来进行讨论。

但姑且不论现状怎样，关于 AI 的基础技术，完全没有透明度和可追究性的状态是不行的，这种认识在推进会议中是有的。基础技术如果没有透明度，则在利用和使用阶段会造成不可追究性。在这点上，可以说 AI 开发指导方针也间接地将利用使用列入了讨论范畴。

即使说是"透明度"，也并非意味着要全部透明的原则。

稍稍偏离一下 AI 的话题，例如关于恐怖主义对策的机密信息，如果实行全部非公开，这种社会管制是无效的，但也不能一般性地进行公开信息。因此在美国的体系中，只有法官和指定辩护人能够阅览信息。信息公开的范围与管制的方法，是应该配合着考虑的问题。

问：现在，围绕"AI 与伦理"问题，AI 技术人员与伦理学家、STS（科学技术社会论）学者的讨论似乎不是很契合，在 AI 技术人员中，对于非技术专业人士似乎有偏见。"AI 随便学习数据袭击人类的事是无稽之谈。希望你们再多学习一些 AI 技术。"

答：市民们对 AI 技术人员多少是有些不信任感的。另一方面，技术人员却认为："许多人对技术根本不懂。"对市民关于 AI 技术的知识表示怀疑。

更加不幸的是，站在非技术专业人士的立场，作为搭建科学与社会之间理解桥梁的 STS 专家们，则得不到双方的信任。在东日本大地震的核事故中，作为搭建科学与社会之间理解桥梁而获得市民信任的，不是 STS 学者们，而是如早野龙五先生这样的科学家。

如果不客气地说，日本 STS 学者们缺乏社会实践经验，是使讨论不能契合的一大要因。

围绕对技术的管制，法学专家们以不同形式做出了实践性判断，例如，脏器移植中脏器的分配及优先选择权等方面，法学专家参加了标准的制定。

STS 有没有积累足够的经验，磨砺自己的专业性呢？最近意识到社会实践重要性的 STS 学者们也开始展开行动了，但总体来说仍显不足。

问：大屋教授，从法律哲学专业的视角来看，关于 AI 与伦理的重要论点是什么呢？

答：我所关注的是宪法学者凯斯·桑斯丁先生关于"自由家长制"的讨论。预先适当地过滤个人的选择，才使得个人自我决断权实质上发挥作用。对于这种过滤，桑斯丁先生称其为"助推"理论。

人类有过多的选择时，反而无法进行选择了。因此限定其选择范围，提示重点，帮助个人实施自我决断权是非常重要的。

AI 就是限定选择范围帮助提示人类的有力工具。亚马逊网站基于销售历史进行的推荐就是典型的例子，通过推荐，能够促进个人做出合理的决定。

但是，如果 AI 算法中立公正，那就没有问题，但如果"出版社付费就能使推荐的出现率提升"，那么这种 AI 所做的推荐就缺乏公正性了。

因此，选择辅助算法的客观性非常重要，"助推"虽然有其有效性，另一方面，对"助推"也应该有所管理。

对于法律条文，任何人都能看到，因此任何人也都能提出反对意见。但是对于以无法注意到的形式诱导人们做出选择，人类就无法反对了。对于这种"软性形式发挥作用的权力"，制定合适的管制体系是非常重要的。

但是，对于"助推"可以管制到哪里，这个平衡也是难以把握的。例如，从 Web 网站检索结果中隐藏特定项目的欧洲的"被遗忘权"就是一例。

输入关键词进行检索的谷歌检索等搜索引擎，也是一种选择助推装置，

"被遗忘权"就是对这种装置的一种管制。

但无论怎样解释说原文章是保留的，但隐藏检索结果，不能不说是有妨碍表达权之嫌的，如今围绕引进"被遗忘权"各国仍然在争论不休。

问：关于 AI 公正性的争论，似乎接近于官方营销的问题。

答：是的。要求明示 AI 是谁，赞助者是谁，或者要求可通过调查查明，这些就是管制的手段。

在日本，人们尚且不能充分理解明示相关性和信息公开的意义，因此对于"公开信息会被胡乱猜测"的担心往往成为先入之见。

在欧美关于明示相关性也曾发生各种各样的纠纷。但结果相关性的明示已经在世界各地被视为规则，不遵守的人会受到排斥。在日本，没有违反规则者被排斥的情况，感觉社会对此有种异样的包容。

问：自动驾驶和家庭用机器人等将来可能会投入应用的 AI 或机器人的特征之一，是能够自主地进行判断以干预社会。对于自主行动的 AI 的行为，社会能够以怎样的手段来管制呢？

答：首先论述 AI 的自主性之前，首先需要从"我们人类有自主性吗"这一问题开始讨论（笑）。实际上这在认知科学与复杂性科学中是有争论性的。当环境发生改变时，人类的判断很容易发生改变。

在现代社会的法律制度中，是以"个人是自主性存在"为前提的，因此当个人引起交通事故时，个人会被追究法律责任。

假如说我们人类是非自主性的，那么设想人类自主性的法律意义何在呢？今天的法律已经落后于时代了吧？

一个思考方式是，法律的意义在于对于"原本愚蠢没有自主性的"人类，通过规范使其持有自主性，可以把法律看作是具有警示责任的制度。

"人类能够自己决定"这一概念，在 19 世纪时被人们所幻想，到 20 世纪时才明白其不可能性。我们人类不是那么伟大的生物。

作为一个弱小生物的人类，要成为社会一员，需要怎样的支持？从这一出发点出发，从前诞生了防止沉迷于赌博的管制制度，今天诞生了针对网游中毒的管制措施。

围绕自主性 AI 与机器人的讨论也与此相同。需要有规则来规范个人在不侵害他人权利的范围内，做出社会所允许的自我决断。在这点上，应该像对人类的要求一样，要求 AI 能够对自己的行为有可解释性。

问：在现行法律中，像对待宠物一样，机器人的管理者也负有法律责任。但在将来有可能发展到去讨论 AI 或机器人是否能承担民事责任和刑事责任。

答：这是面向遥远未来的头脑体操了，如果是损害赔偿等民事责任，例如像法人般的非物理存在主体也能承担责任。但是如果是关于刑事处罚，对非肉身存在的机器人实施处罚，恐怕很多人都难以理解了。

首先整理关于机器人的相关法律框架，与其说是要追究对机器人行为的法律责任，不如说是要保护人类对机器人的爱心。

现行的动物爱护法，是将人类对宠物的爱作为法律保护对象的。对于狗、猫等该法律所指定为保护对象的动物，人类如果虐待它，将受到处罚。

索尼的宠物机器人 AIBO 就得到了人类的宠爱，对于发生故障的 AIBO，主人要供养。在遥远的将来，机器人成为法律保护的对象，也不足为怪。

（浅川直辉）

日本 AI 第一人：向大脑学习更接近通用 AI

与在图像识别和自动翻译等特定用途领域已取得实际成绩的"专用 AI"相比，与人类具有相同的能够处理各种任务的智力的"通用 AI"还处于基础研究阶段。

DWANGO 人工智能研究所的山川宏所长正在从事导入最新脑神经科学成果的通用 AI 的研究开发。作为实现方法，他提倡的是使电脑模仿大脑皮层、海马体、下丘脑下部等大脑各部位的功能，再使各功能相互配合，从而实现较高通用性的智能。山川先生将这种方法称为"全脑框架（WBA）"。

脑神经科学近年来不断发展。据说，关于大脑的各部位及神经回路的运作机制都正在被逐步了解。但是，大脑各部位如何配合，灵活处理任务，或进行抽象的认识、思考，仍有许多未知部分。

山川所长正依据最新的脑神经科学，主持研究开发实现灵活智能的大脑各部位协作机制。虽然与在科幻小说中出现的拥有自我意志的 AI 并无联系，但山川宏所长相信在不久的将来，一定能够制成更具灵活智能的 AI。

DWANGO 人工智能研究所的山川宏所长

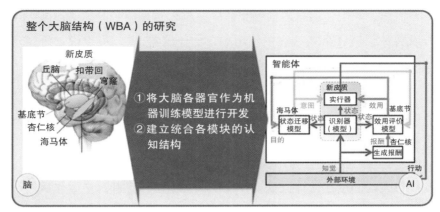

整个大脑结构的思考方式

（出处：DWANGO 人工智能研究所）

我们采访了从就职于富士通开始就一直从事脑神经科学和 AI 研究开发的山川宏所长，倾听了他对通用 AI 研究开发最新情况的介绍，以及他关于通用 AI 为基础的伦理规定的高见。

以通用 AI 实现"家务机器人"

问：正在不断向前推进研究的"通用 AI"是指怎样的 AI 呢？

答：这是指不论在何种领域都能完成各种任务的 AI，能完成的任务种类和数量越多，其通用性就越高。AI 的研究开发中也有"弱 AI"和"强 AI"的概念，但是通用 AI（AI 具有自我意识）与强 AI 是不同的概念。

在发出任务指示后，能够通过训练和练习掌握完成任务的能力，具有这种使用方法也是通用 AI 的特点。也可以说是指学习能力的通用性高，能应对新的任务和例外任务的 AI。从一开始就可以应对各种任务的 AI 被称为"万能 AI"，与通用 AI 不同。

作为通用 AI 的应用例子，经常被提及的是"家务机器人"，对于"家务机器人"，要求其在洗碗、洗衣服、打扫卫生等多种任务的执行过程中，具有应对不同场面的灵活性和学习新任务的能力。

在汽车、家电、信息通信等企业中，越来越多的企业标榜自己正在研究开发普通消费者可在家庭中使用的"伙伴机器人"，可以说，研究开发伙伴机器人，也就是研究开发通用 AI。

问：在实现通用 AI 方面，您提倡全脑框架（WBA）手法，请谈谈您的想法。

答：为了接近人类智力，模仿人类大脑是最好的方法，这是基本的思路。为此，将大脑部位在计算机重现，并模拟各部位相互配合产生作用的全能工作过程，以获得人脑的智力。

关于大脑模拟，深度学习技术正快速取得成果。实现通用 AI 的研究开发有很多种，通过深度学习的成功，近来大脑模拟这种方法正越来越受到人们的期待。

以目前的计算机计算量，可以模拟大脑

以 WBA 为目标的研究中获得了重要的研究成果。想要详细地重现神经元的工作，需要庞大的计算量。但是，即使不重现与大脑同一水平的神经元作用，通过与大脑一样的学习方法和框架，也可以获得同样的成果。

例如，掌管语言功能和合理分析思考的大脑新皮层，以现在的深度学习技术实际装入 AI，其神经网络的水平，已经能够在某种程度上模拟大脑。这可以原样适用于通用 AI。通过 WBA 的研究开发，可以不必再过度详细重现大脑功能，这一点非常重要。

问：海马体和小脑各个功能的模型化和研究开发也有很大进展吗？

答：研究开发进展快的人脑部位，正在日益增强大脑的重现性。

例如通过被称为"感知机（Perceptron）"的一种神经网络的延伸，可以充分说明小脑的功能。电气通信大学的山崎匡副教授在计算机上的模型化研究开发已获得成果，今后其性能一定会不断提高。

大脑新皮层识别事物的结构已经非常清楚，但是包括运动在内的使体内性能综合产生作用的结构尚未弄明白。

海马体复杂，是模型化尚且不足的部位。可以认为它是人脑识别系统中统合各种信息的中枢。具有识别时间的特殊路径，擅长以时间系统整理事物。在地图上识别自己在哪里，也与海马体的功能相关。总之获得了一些模型化的研究成果，但还不足以说明其作用，还有一些需要研究查明的地方。

但是目前脑神经科学迅猛发展。10 年后，WBA 研究开发上将有相当显著的发展。

问：以最终超越人类的通用 AI 为目标的开发现在踏入了什么阶段呢？是如人类一样，首先从婴幼儿水平开始发展？还是在描绘动物的进化路线呢？

答：通用 AI 里哪种研究开发方式都有。WBA 的主流是采用"老鼠、猴子、人类"的进化论开发路径，因为进化论路径的开发更容易些。另外在脑神经科学研究中较多使用白鼠，白鼠的脑非常发达也对研究非常有利。

我们和 WBA 的共同研究者们认为，支撑智力的大脑整体结构的大致框架由大脑的进化论功能决定，具体细小的活动则由训练来决定。

问：您也在致力于由日本发起的 WBA 的为实现通用 AI 的活动。

答：为促进日本的研究机构和企业研究人员为实现通用 AI 既分担责任又相互合作，成立了促进合作的 NPO 组织"全脑结构·倡议"。我担任代表，东京大学的松尾丰先生（东京大学研究生院工学系研究科副教授）和理化学研究所的高桥恒一先生（理研生命系统研究中心小组组长）担任副代表。

研究开发小组中，除 DWANGO 人工智能研究所外，东京大学、国立信息学研究所（NII）、庆应义塾大学、理化学研究所生命系统研究中心等也参与，负责各种大脑部位的模型开发。NPO 的作用是包括负担部分资金在内的支持工作。作为赞助商，丰田汽车、松下、DWANGO、Recruit 科技、东芝等都有参与，收到的赞助金都用于支持研究开发。该研究所负责整体统合，以实现 WBA。

问：世界上通用 AI 的研究开发情况怎样呢？

答：也有许多不为大家所知的企业，但大家所知道的企业中，还是美国谷歌、IBM 等最值得关注。

谷歌旗下的英国 DeepMind 公司是以深度学习技术一跃成名的，但其实它在通用 AI 的研究开发方面也是很有实力的。与戴密斯·哈萨比斯等人共同创立该公司的谢恩·莱格领导该公司的开发工作。

莱格从 21 世纪 00 年代中期开始发表通用 AI 试验方法的论文，投入进行通用 AI 的开发工作。不久前在一个研讨会上，他甚至说"10 年之内能够完成超越人类的通用 AI 项目"。另外 DeepMind 的戴密斯·哈萨比斯在 2016 年时打出目标——"到明年将开发出白鼠水平的通用 AI"。

美国 IBM 可以说是通用 AI 开发的老字号企业了。美国能源部管辖的桑地亚国家实验室也长期从事通用 AI 的研究，与美国国防高级研究计划局（DARPA）关系密切。

问：您也参与了由总务省主导的讨论 AI 研究开发指导方针草案的产官学会议。关于设想通用 AI 的开发和利用的理论规定，您认为应该从现在开始进行讨论吗？

答：我认为，因为有必要，所以世界上才开始展开讨论了。由于对象范围相当广泛，所以仅由有限的人进行考虑是没有意义的。应该有尽可能多的人来思考这个问题。

要求 AI 具备可控性，操作系统（OS）不需要吗？

但是，有一点也应该引起注意，就是如果只有日本先行加强对 AI 开发的规范，难免会阻碍其发展。AI 的开发是发展极其迅猛的领域，如果日本随意踩刹车减缓开发，在世界开发竞争中被淘汰，那不是大家愿意看到的事。

还有一点我想指出的是，我们应该冷静思考一下，AI 的开发指导方针是否特别必要？该方针在 AI 以外的技术中是否被遵守？

例如，目前的方案中"确保可控性"原则是否在现有的其他技术上是被遵守的？网络和操作

系统（OS）等现在已渗透到社会各个角落的 IT 中，也有很多缺乏可控性的例子。

如果问是否应该可控，回答是"理想的状态应该是需要可控性的"，但是，如果只要求 AI 做到可控性，那就不公平了。着眼现实，思考一下："现在还有许多尚未完成的技术，比较现实的原则在哪里？"做一些这样的讨论也是必要的。

问：在整理目前的指导方针草案的论点中，有各种各样的提案。例如有提案指出可以做两套方针：一套是"专用 AI"与"通用 AI"共用的方针，另一套是分别适用的方针。

答：我认为现在制定适用范围广泛的 AI 开发方针是有困难的。从海外的例子看，在 AI 的开发指导方针和伦理规定中，从军事利用到个人数据处理的问题，涉及范围太广了。

在处理较广范围的大原则的阶段，如果提出的规范管制色彩过强，就会对 AI 开发形成阻碍。在现阶段，如果想要针对 AI 开发的风险提出较强烈的规范，我认为就特定的领域或范围提出好一些。

（玄忠雄）

在网上收集的数据可以用来实施训练吗？

"在企业内想要实施深度学习，却感觉很受束缚，这就是现状。能否整理一份企业可以自由使用的'官方许可数据'呢？"

2017 年 5 月 24 日，在爱知县举办的人工智能学会全国大会公开会议上，站出来提问的企业技术人员迫切表明了这样的心声。

以深度学习为代表的人工智能技术开发中，对 AI 实施训练用的数据进行整理是必不可少的。

但是，对 AI 实施训练用的许多数据是"由用户参与形成的数据"，如行为历史、聊天记录、博客等。

想要使用这些数据，需要考虑著作权等知识产权、通信秘密、个人隐私等法律上、伦理性问题。如果对数据生成源考虑不周，就有可能惹祸上身。

在全国大会上发表的研究成果中，能看出，这一担忧成了现实。立命馆大学研究小组在学会网站上公开的论文，因为使用了某小说中的数据，而受到了小说作者的批评后，在论文发表第二天，即 25 日，无奈撤下了论文。

关于 AI 技术开发必需的训练数据应如何处理，技术人员经历了不断的试错实验。

向学习工厂投资

开头的发言是在 5 月 24 日下午举行的以"为深度学习的爆炸性普及"为主题的公开特别会议中谈及的。

在该会话中第一个登台演讲的是东京大学特聘副教授松尾丰先生，他呼吁说，为了在日本推进深度学习，企业应该向"学习工厂"投资。

松尾先生解释说："深度学习的最大成果，就是让机器和机器人拥有'眼睛'。"AI 通过相机所拍图像能够准确识别物体，这使农业中"收获西红柿的机器人"，餐饮业中"将盘子放入洗碗机的机器人"变成了现实。

松尾先生表示，日本企业为了将具备"眼睛"的机器和机器人尽早地投入市场，应该对利用大量的训练数据训练机器人眼睛的学习工厂进行投资。

学习工厂是生产机器和机器人所需要的眼睛，即神经网络的训练模型的地方，这里需要优秀的 AI 人才、高性能电脑，以及能够准备大量数据的环境。

松尾先生主张："AI 技术的竞争力由数据决定。"由于 AI 算法以论文和开放源代码的形式被公开，很难形成竞争，而另一方面，对于一个企业独自搜集的数据，其他企业却很难获得完全相同的资料。

必需的"学习工厂"

● 学习工厂印象
  – 准备数据的环境
  – 能使用机器学习的高端人才
  – 高性能的计算机
● 学习工厂发出的货物
  – 能制作训练完毕的模型，智力部分
  – 搭载在最终产品上发货
  – 各个经营者都有自己的学习工厂
● 因为是工厂，所以具备几十亿至几千亿日元的投资规模
  – 不是研发阶段的产品，而是最终的产品
  – 如果想进行 10 倍的生产，学习工厂就要扩大至 10 倍的规模
  – 以这样的规模才能在与各国的竞争中获胜
● 难道不能将此作为对一种新形式设备的投资吗？

学习工厂的概要

根据《著作权法》第 47 条第 7 项收集数据

松尾先生的提议也反映了日本企业在数据的取得和生成方面缺少必要的投资。像美国谷歌和美国 Facebook 那样，能形成将提供免费服务、收集数据、数据的收益化贯彻为一体的循环性投资的企业几乎没有。

如果不能从用户那里收集数据，那就只能收集网上的公开数据和其他公司所拥有的数据。

在把公开数据作为训练数据方面，日本有能起作用的法律制度。《著作权法》第 47 条第 7 项认可"以使用电脑进行信息分析等"为目的的著

作物的复制。

实际上，在《著作权法》上的处理姑且不论，以网上的公开内容为训练数据，研究开发 AI 技术的事例有很多。

开发出利用深度学习为线稿上色技术 PaintsChainer 的 PreferredNetworks 的美国辻泰山先生，关于 PaintsChainer 的训练数据，在公开会议中说明是"使用了从网络中筛选的图像"。"通过解决从原上色插图中抽出的'逆问题'，生成了把线条画和彩色插图组合在一起的训练数据。"辻泰山先生说。

因收集数据引起社区混乱

但是，《著作权法》上的合法未必能保证可以自由使用数据。25 日人工智能学会不再公开某论文，就是个典型例子。

该论文题目是《通过因域名产生词义变化的词语过滤猥琐表达的过滤器》。论文从作品投稿网站"Pixiv"抽取成人小说的文本 10 篇，利用机器学习以猥琐表达训练 AI，然后用于网站的过滤器。

这篇论文，引用了只有会员可以阅读的 R-18 指定小说，登载了所引用小说作者的网名（HN）和 URL。由于小说作者只设想面向有限的读者群而写作，小说反映了私人的一些性癖好，因此公开其网名和 URL，有可能引起社区混乱，这不能说在研究伦理上没有问题。人工智能学会接受来自作者等方面的批评，论文发表翌日即 25 日，不再公开。

Pixiv 运营商也并没有完全否定将投稿内容用于训练数据。Pixiv 公开表示自身利用用户的信息构建训练模型，除此之外，还在该会议上公布了 PaintsChainer 与 Pixiv 的合作服务。

假设论文的作者从一开始不在文中记入"HN"或"URL"，增加作为学习对象的小说数量，降低对特定内容的依赖程度，采取事先与 Pixiv 进行协商等措施，可能就能够避免此次事件的发生。

关于论文的处理，人工智能学会称"完全交由立命馆大学负责"（学会事务局），立命馆大学称"目前正在协商中"（公关部），Pixiv 称"正在与立命馆大学协商中"（公关部），口径各不相同。目前论文仍处于非公开状态。

只静等从天而降的"官方许可数据"就好吗？

从销售 Suica（西瓜卡，日本的交通卡）使用记录，到 JR 大阪站大楼的面部识别实验，围绕数据处理发生的纠纷，此起彼伏。即使不触犯法律，存在伦理和社会规范问题或对数据生成者个人的考虑不周，都可能使开发遇阻，不能顺畅进展。

同样在公开会议中登台演讲的产业技术综合研究所萩岛功一先生讲了可应用于机器学习的带有高性能计算机的"AI 桥梁云端（ABCI）"的构想，同时说明了收集能使企业安心使用的数据的构想。

只是，萩岛先生对于开头的技术人员的提问，承认："说实话，还没有一个完全可行的答案。"

如果只是静等从天而降一个"官方许可数据"，那么谁都能够使用同样的数据，这也就不可能在竞争上形成优势。如果希望通过利用数据提高企业的竞争力，那就不要避开利用数据和伦理问题，在企业内部进行彻底的讨论，这是必不可少的。

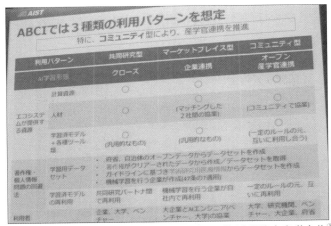

产业技术综合研究所"AI 桥梁云端（ABCI）"设想的产官学合作[1]

（浅川直辉）

---

[1] 图片详细信息不做翻译。

AI 的军事利用：一个忌讳的话题

"希望日本的人工智能学会能够支持将于 8 月和 11 月召开的商讨关于缩小和削减致命性自主武器系统（LAWS）可能性的联合国会议。"

2017 年 5 月 24 日，在爱知县召开的人工智能学会全国大会的公开讨论期间，研究高端技术安全性的理查德·马莱先生通过录像向大家传递了以上信息，会场立刻安静下来。

说起人工智能（AI）和伦理时，有一个主题在世界上被频繁讨论，而在日本几乎不会成为话题。那就是含有 AI 的自主系统的军事利用问题。

在海外的讨论已经发展到了什么阶段？日本有参与的空间吗？我们来揭开关于 AI 军事利用的讨论动向。

以"阿西洛马人工智能原则"来提倡控制军备竞赛

FLI 是以创业家埃隆·马斯克和宇宙物理学家史蒂芬·霍金担任顾问而闻名的研究组织。

2017 年度人工智能学会全国大会的"公开讨论：人工智能学会伦理委员会"部分[1]

---

[1] 图片详细信息不做翻译。

2017 年 1 月，发布了包含 23 项 AI 开发原则的 "阿西洛马 AI 原则"。著名的人工智能（AI）研究者大约 120 人汇集于美国加利福尼亚州阿西洛马，参加者多半都对 23 项原则表示同意。FLI 之所以在阿西洛马召开会议，被看作是为了效仿曾在科学史上闻名的一次 "阿西洛马会议"，在那次会议上，转基因技术的研究者们从生命伦理的观点出发，制定了约束部分研究的指导原则。

在这次阿洛西马 AI 原则中有一项 "应该避免致命性自主武器的军备竞赛" 的原则。

自主武器（AWS：autonomous weapon systems），粗略地说，就是指能根据机器学习或程序，自主选择攻击目标的武器。在这一点上，与由人类设置攻击目标的导弹和无人攻击机是不同的。尤其是以破坏军事据点和杀伤人类为目的的武器，被称为致命性自主武器（LAWS：lethal autonomous weapon systems）。

关于 LAWS，马拉先生主张："难点不在使用，而在防御上，与生物武器和化学武器类似。（中间略）如果普及后，恐怕会使世界处于地缘政治学上的不安定状态。" 史蒂芬·霍金博士也频繁发表意见说："AI 会威胁人类生存。" 这些都主要是设想到自主性武器而发表的意见。

在日本基本没有讨论

在日本，自 2016 年至 2017 年，关于 AI 和伦理的讨论相继展开，并公布了相关报告。但关于 AI 的军事利用，还几乎没有从正面讨论过。例如，内阁府于 2017 年 3 月公布了《关于人工智能与人类社会恳谈会的报告》，总务省于 2017 年 6 月 14 日公布了《AI 网络社会推进会议报告 2017（草案）》，但都未将 AI 的军事利用列入讨论的范畴。

有意识到 AI 军事利用的文字，仅限于人工智能学会伦理委员会于 2017 年 2 月公布的伦理指导方针中提到 "要认识到，研究开发存在违反开发者意图被利用于危害其他人用途的可能性"。

由总务省主导的产官学会议的构成人员之一、庆应义塾大学法学部的大屋雄裕教授承认，关于 AI 军事利用这一主题，"对日本来说是不想触及的话题"。"如果美国提出将民生和军事放在同一平台对待的方针,日本是无法接受的。"大屋先生说。

IEEE 聚焦在技术方面抽取论点

2017 年 6 月 5 日,美国得克萨斯州奥斯汀。美电气电子学会(IEEE)举办了为期两天的学术研讨会,该研讨会以包含 AI 在内的自主性系统的相关伦理问题为主题。

围绕"伦理性设计的一般原则""为自主性系统装入价值观装置""个人信息与访问限制""通用人工智能(AGI)"等 13 个主题,有 100 多位参加者进行了讨论,13 个主题中包含了"自主性武器系统"。

IEEE 一般以制定无线 LAN 等电子技术的标准规格而为大家所知,无线 LAN 有"IEEE802.11g""IEEE802.11n"等规格。

以 AI 威胁论开始在社会上盛行为契机,IEEE 于 2015 年开始展开围绕 AI 与伦理的讨论。为了推进 AI 创新以造福于社会,选取了负责设计的技术人员应该注意的事项进行讨论。

"不仅是技术人员,还邀请了哲学家、经济学家、社会学家等前来参会展开了广泛的讨论。"IEEE 推广委员会的达尼特·戈尔女士说。可以说对于以技术人员为核心的组织的 IEEE 来说,是罕见的一次活动。

在奥斯汀举办的研讨会现场

作为中间报告，IEEE 于 2016 年 12 月公布了《伦理性协调设计（Ethically Aligned Design）》第 1 版，面向世界技术人员征求意见。"现在仍有很多人在线发来意见参与讨论。这个讨论，任何人都能参加，希望日本人也务必能够加入探讨。"戈尔女士说。

这个设计方针对技术人员没有约束力，但今后如果作为具体的 AI 设计手法形成标准，则在技术人员中有可能会构成一定的约束力。

IEEE 计划于 2017 年秋季公布经过大幅修改的第 2 版。这次研讨会的举办旨在线上及线下加深参加者的交流，同时展开对第 2 版内容的讨论。

研讨会中有几名来自日本的参加者，其中一位是 STS（科学技术社会论）的专家、东京大学教养学部附属教养教育高度化机构特聘讲师江间有沙女士，江间女士是为介绍日本所举办的与 IEEE 工作相关的研讨会中的讨论情况，前往奥斯汀参会的。

IEEE 推广委员会的达尼特·戈尔（Danit Gal）女士

东京大学教养学部附属教养教育高度化机构特聘讲师江间有沙女士

江间女士除介绍了日本相关研讨会之外，也参与了关于修改第 1 版的讨论。13 个主题中，她参加了关于自主性武器的讨论，关于讨论的内容，江间女士说："希望通过参加讨论，能够整理出一些论点，如以现在 AI 技术的发展，可能实现什么事情，根据现在的自主性武器定义，我们能否把握等。"

在研讨会的讨论中，提出了确保武器开发的透明度、制定面向技术人员的行动指导方针的必要性、服务器安全等论点。江间女士说："整理出了关于确保透明度或故障安全性，哪些是技术方面可以应对的，哪些是在政策及政治上需要考虑的相关论点。"

IEEE 的组成人员中，许多是技术人员，并不习惯参与政策层面的讨论，如果能从技术层面与政策层面对论点进行整理，技术人员就可以集中精力在技术层面进行探讨，IEEE 提供作为讨论基础的技术方面的材料，而政策层面则交由 CCW（特定常规武器公约）专家会议或联合国会议进行讨论，IEEE 设想采取如此区分来展开讨论。

像 IEEE 这样的组织，比起主张"应该制止致命性自主武器的军备竞赛"的 FLI 要撤后一步，但对许多技术人员来说，则更容易参与。IEEE 想要通过整理政策论中所需要的技术方面的论点，履行作为一名技术人员的伦理责任。

另一方面，日本的现状是关于自主性武器有怎样的观点未被大家所共知。江间女士说："世界上正在展开什么样的讨论，是以什么样的定义，在怎样的框架中展开讨论，今后我也希望能够不断了解。"

"是沉重的问题，但应该参与"

实际上，在日本围绕自主性武器的讨论今后可能将不可避免。自主性步行机器人有可能利用于军事，因为日本被世界看作是擅长此项技术的大国。

软银集团于 2017 年 6 月 9 日表明要收购的美国波士顿 Dinamix 曾以美国国防部高级研究计划局（DARPA）的资金开发军用机器人，该公司现在主攻民用机器人的开发，但机器人技术本质上可以民生和军事两用这一事实不可更改。

2017 年 5 月 24 日举行的人工智能学会伦理委员会的公开讨论中，IEEE 的戈尔女士登台演说，戈尔女士出生于以色列，据说在义务服兵役期间参与了自主性武器的开发。关于 AI 的军事利用，在回答来自参加研讨者的"究竟研究人员是否应该考虑这些"的提问，她这样回答：

"考虑这些问题对工程师来说是个沉重负担，因此在这个意义上，我想说这个问题我们不应该参与，但同时，我内心认为我们是应该参与的。"

（浅川直辉）

第 4 章

AI 发展现状

不断升温的 AI 芯片开发

围绕人工智能（AI）计算处理的高速化半导体芯片"AI 芯片"的开发竞争不断升温。2017 年至 2018 年，深度学习引领了第 3 次 AI 热潮，深度学习计算专用芯片将在国内外相继问世。

"现在所有的国内半导体制造商都在着手人工智能芯片的研发吧。"某大型企业的半导体技术工作人员说。

美、英、韩、以色列在加速开发 AI 芯片

在 AI 芯片开发方面领先的是海外的企业。美国谷歌于 2016 年 5 月公布，该公司数据中心在 1 年前已经开始利用深度学习专用芯片 Tensor Processing Unit（TPU），随后又公布围棋 AI "AlphaGo"、谷歌翻译等实际也在使用 TPU。

国内企业 AI 芯片开发实例

公司名称	Deep Insights	富士通	Preferred Networks	东芝
完成/上市时间	2018年中期	2018年	约2019年	研发阶段
1个芯片的目标性能	目标是超过先行GPU计算性能的1000倍以上	目标是达到其他公司计算性能的10倍	可进行1000兆次/秒的计算	实际证明以1瓦的消耗电力可进行48.5TB次/秒的计算
计算精度	应对单精度（32bits）~1bit的计算	支持单精度(32bits)。对其他精度的应对未定	（未公开）	1bit
计算电路数	集成4bits精度的计算核心100万个	以单精度(32bits)的计算核心换算集成2万个以上	（未公开）	65nm制版、1.9mm×1.9mm上集成32768个
其他特征	也开发带宽100TB/秒的专用存储器	针对学习用途，也可用于推论。应对含Caffe的主要框架	（未公开）	设想面向边界设备

美国英特尔公司在 2016 年相继收购了 AI 芯片开发企业。其中包括计划在 2017 年上半年将深度学习专用 AI 芯片上市的美国 Nervana Systems 公司、开发无人机或机器人专用图像处理芯片的美国 Movidius 公司等。

韩国三星电子和德国罗伯特·博世有限公司于 2016 年 11 月,给开发 AI 芯片的初创公司英国 Graphcore 出资 34 亿美元。开发驾驶支持系统的以色列 Mobileye 公司也在开发将深度学习应用于图像处理的专用芯片。

以半导体技术的奥林匹克而闻名的国际会议 International Solid-State Circuits Conference(ISSCC)上,发表了越来越多关于深度学习专用 AI 芯片的报告(据 ISSCC 的国内委员会成员说)。2016 年和 2017 年 2 月举办的 ISSCC2017 会议上,相关报告达到 10 份。

其中 5 份来自韩国科学技术院(KAIST)。"采用使用模拟电路等独特的研究方法。由于应用于实际完成的工作系统中,因此报告显得更加具有说服力。"该委员会成员这样评价。

日本也相继加入

与海外的势头相比,日本企业在商用芯片和研究开发两方面,AI 芯片的存在感都很低。现在相继有企业宣称开始将 AI 芯片投入应用了。

大型企业中,东芝于 2016 年 10 月,在将深度学习应用于图像识别的芯片开发方面与 Denso 达成协议。同年 11 月,公布了为实现 AI 芯片的低耗电做出贡献的半导体电路基础技术 TDNN(Time Domain Neural Network)。富士通于同年 11 月末,公布了于 2018 年度上市深度学习专用 AI 芯片 Deep Learning Unit(DLU)的方针。

初创企业也开始展开 AI 芯片开发。PEZY Computing 的集团企业 Deep Insights 正在开发 AI 芯片,计划于 2018 年中期完成。Preferred Networks 也表明正在开发机器学习专用芯片,预计 2019 年完成。

在不同于 NVIDIA 的领域决胜负

作为在深度学习计算中使用的通用芯片,美 NVIDIA 的 GPU(图像处理芯片）占据牢不可破的地位。日本企业打算进军不同于 NVIDIA 的领域，寻找机遇。

业务用 GPU 产品的主力 NVIDIA Tesla 适用于 64bits 的成倍精度的计算，旨在应用于气象预测等有高精度要求的科技计算。

另一方面，在深度学习的计算中，不需要 64bits 的精度。深度学习计算中大体可分为两类：一类是训练神经网络的"学习"，另一类是以训练完毕的神经网络进行分类和预测的"推理"。学习的处理需要 32bits 以下，而推理的处理只需要 16bits 以下的精度，应用上没有问题。如果用于内置式设备等重视节电的用途，注重低耗电，可降低精度至 4bits、1bit。

使 AI 芯片实现低耗电的手法，除了上述降低 bit 之外，还有一种手法是将专用的减速器电路装入特定的神经网络结构。ISSCC 的国内委员会某成员说："简单说虽都是深度学习专用电路，但网络构造不同，就要求完全不同的体系结构。"

例如，擅长图像处理的卷积神经网络（CNN：convolutional neural network），芯片所需的存储量很少，但计算次数非常多。另一方面，全连接网络（FCN：fully connected network）需要巨大的存储器。近年来，以 CNN 构成整个神经网络的模型的研究在增加，据说搭载 CNN 体系结构的 AI 芯片的研究案例在增加。

"能够实现 1000 倍于现行 GPU 的性能"

日本企业找到 NVIDIA 的空隙，积极参与，但 Deep Insights 的齐藤元章社长却感到一种危机，他说："日本开发 AI 硬件的企业太少了。"

"有一些日本企业在开发 AI 软件方面发展得不错，但是在软件界，一旦突然出现突破性的算法和模型，之前的成果就有可能瞬间化为乌有。因此，全日本必须在软硬件开发上取得一定的平衡。"齐藤先生说。在 AI 芯片开发方面，美国和以色列的初创企业如雨后春笋般成立起来，与此相比，日本显得有些滞后。

超级计算机开发创投企业的 PEZY Computing 的领军人物齐藤先生在 2016

年 5 月成立了新公司 Deep Insights。据称成立公司的原因就在于面向科技计算的超级计算机专用芯片和深度学习的专用 AI 芯片之间产生的巨大差别。

"科技计算方面，要求的精度不断提升，从现在的 1 倍精度向 4 倍精度、8 倍精度提高。像这种高精度计算，由 PEZY Computing 开发的超级计算机专用芯片承担。另一方面，深度学习方面，冷静思考，会知道并不需要高精度。如果是深度学习模拟神经电路的计算处理，最终会降到神经突触释放 1bit 的计算。"齐藤先生说。

因此齐藤先生聚焦接近实际神经电路的低 bit 计算进行研究。"如果降低计算精度，就能使计算核心缩小。以后的 7nm（纳米）制程技术，每个芯片能搭载 100 万个 4bits 计算的核心，将能实现现在的 GPU1000 倍甚至以上的性能。"齐藤先生说。

以现在的情况，并不能实现所有深度学习计算都以低精度来处理。尤其是以偏微分方程式的计算调整神经网络参数的"学习"处理，要求较高的精度。但即使这样："将来相当大的部分将降低至 1–4bits。"齐藤先生说。

齐藤先生不仅关注 AI 芯片，还将存取数据存储器的开发也纳入了视野。设想的存储器带宽是 100TB/ 秒。"超级计算机专用的芯片也同样需要大的存储带宽，处理的数据成倍增长，1 次存取将连续读取较大的数据量。深度学习方面，则要随机选取零碎的数据。根据不同情况，有时可能需要针对 1bit 的数据进行随机选取的构造。"齐藤先生说。

从 AI 芯片到存储器，再到系统整体的垂直统合的开发，这些都是齐藤先生的目标计划。他"言出必行"，已经达到了超级计算机节能世界第一。对 2018 年新研发的系统性能充满期待。

（浅川直辉）

东芝的脑型 AI 芯片通过 Flash 派生技术实现节电

"人脑在电力效率方面要远胜于冯·诺依曼计算机，这部分模拟人脑，其他部分优先使用了便于实现的半导体技术。"

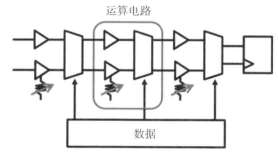

在模拟电路中实现 AI 芯片的技术 TDNN 略图

（出处：东芝）

东芝半导体 & 存储产品公司半导体研究开发中心的出口淳参事对该公司于 2016 年 11 月在学会公布的 AI 芯片专用半导体电路技术 TDNN（time domain neural network）的开发概念做了说明。

如果使用 TDNN，与使用数据电路的一般服务器相比，能够将深度学习（通过多层神经网络进行的机器学习）的计算耗电量减半。TDNN 是怎样的技术呢？

介于两个潮流之间

AI 芯片的开发有两个不同的潮流：一个目标是加快深度学习计算速度的"深度学习加速器"。

另一个是根据人脑科学的知识，旨在将神经电路的作用在半导体中再现的"脑神经形态芯片"。将神经细胞的峰值电位在数据电路再现的美国 IBM 的 TrueNorth 就属于这种。NEC 与东京大学共同开发的模拟电路技术也是在追随脑神经形态芯片的潮流。

东芝的 TDNN 开发，介于"深度学习加速器"和"脑神经形态芯片"之间。

在使用 GPU（图像处理芯片）的典型深度学习计算中，相当于构成神经网络的一个个神经元之间结合的重要信息，一般储存于芯片外部的存储器。

重要数据量，如果是大规模神经网络，甚至达到几个 GB。因此，仅仅从存储器向 GPU 传送就需要消耗巨大的电力。不仅仅是 GPU，现在主流的冯·诺依曼计算机中，数据传送所带来的电力消耗，是节电方面的瓶颈问题。

在人脑中，对于这些重要信息，是作为神经细胞间接点的突触的结合强度所包含的。因此，不需要从外部来特别传送数据。

如果能够模仿人脑这种系统，则能够解决 AI 芯片的节电问题。东芝正在开发的节电 AI 芯片技术，是试图将大量的重要数据包含在芯片中，而不是放在外部存储器中。

其基本的思路就是，将对应的重要数据包含在相当于联结神经细胞的神经突触的一个个计算电路中，不需要再传送重要数据。计算电路在收到从外部输入的信号，会使内含的重量数据与信号数据相乘，最终加上与多个输入信号相乘所得的值，给后一段的计算电路输出信号。

要处理大规模的神经网络，需要将内含重量数据的计算电路大量排列在一张芯片上。一般的数据计算电路，需要巨大的芯片，实际上是不可能实现的。

通过两个思路转变实现

为了缩小计算电路，就要从算法和电路技术两个方面，从根本上转变思路。

在算法方面，该公司注意到的是仅以两个值（0 和 1，或者是 +1 和 −1）来显示信号或重要性的深度学习的新领域"二值神经网络"（BNN：binarized neural network）。

随着深度学习研究的发展，就会明白，即使将计算精度降低至 32bits、16bits、8bits，也能制作出性能比较良好的神经网络。作为极致，将计算精度降到 1bit，就是 BNN。

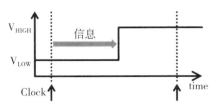

提案手法（时间领域信号处理）

以时间（橙色标记的长度）来表示信息
东芝开发的"时间领域信号处理"的概要，不是数据信号
或突触的电压值，而是让信号延迟持有信息，进行运算

（出处：东芝）

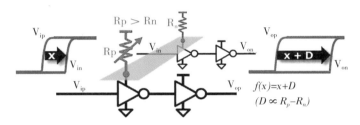

信号延迟 x，加上与电路中的抗逆值（的相差分数）的比例 D

（出处：东芝）

2016 年引起话题的 BNN 论文中，有一篇深度学习大家 Yoshua Bengio 先生作为 last author 联名发表的 *Binarized Neural Networks：Training Deep Neural Networks with Weights and Activations Constrained to +1 or −1*。

还有一点作为完全不同思路的电路技术，开发团队采用的，是从该公司的主力事业 Flash 存储器的存储器界面技术形成的"时间领域突触信号处理"。

在时间领域突触信号处理上，将数据信号在通过理论大门时的延迟时间，作为突触信号利用和计算。与数据电路相比，有缩小计算所必需的电路面积的优点。

使用这个技术，在突触电路上进行二值神经网络的 1bit 计算，就是文章开头介绍的 TDNN 的要点。

在 TDNN，输入运算电路的信号以"两个电压信号中，一个迟到的时间"来表示。神经间结合的重要性以运算电路内的可变电阻单元的电阻值来表示。

在突触电路,某信号通过 RC 电路(由电阻器和电容器构成的电路)时,会发生与电阻值 R 成比例的"信号延迟",利用它,信号在通过 RC 电路时,突触电路会自动实行"电阻值 × 信号"的计算,根据计算值发生信号的延迟。

最后,多个输入信号产生的延迟合计超过特定的临界值时,输出"1",没有超过时,输出"0"。

达到与 PC 同等的分类精度

东芝正在尝试制作搭载上述原理的突触电路的芯片。让此芯片承担识别手写数字的神经网络第 2 层的计算时,可以实现与在 PC 机相同的性能。

只是,在此次的试验芯片,可变电阻单元采用 MOS 晶体管,将电阻

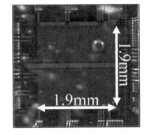

●**芯片概略**
- 65nm CMOS 制程
- 核心尺寸:1.9mm × 1.9mm
- 计算电路数:32768
●**试验结果**
- 确认可获得与 PC 机处理时相同的识别性能
  • 任务:识别手写数字(MNIST)
  • 网络构成:4 层 CNN(CONV × 3+FC × 1)
  • 只以第 2 层试验芯片处理
    - 第 2 层重量数:9216
      •【内核尺寸:3 × 3】×【输入 CH 数:16】×【过滤器数:64】
    - 此外由 PC 机处理
  - 极低的电力消耗
    • 1 个计算(1bit 乘法 + 突触加法)约 20.6fJ(=48.2TSOp/s/W)

东芝尝试制作的试验芯片梗概,1 瓦的消耗电力可完成 48.5TB 次／秒的计算获得实证

(出处:东芝)

值数据储存于 5bits 的 SRAM 中。因此试验芯片中，与 TDNN 的理想电路规模（3 个理论门与 1bit 的存储器）相比更大。之所以没有选择 1bit 的 SRAM，是为了使其能够矫正电阻值的偏差度。将来，以电阻变化型存储器替代 MOS 晶体管，可使电路更加小型化。

开发小组今后除继续改良试验芯片外，还将投入开发适用于 TDNN 的程序软件。"BNN 与一般的深度学习相比，神经网络的分类精度会降低一些。我们希望找到精度能满足实际应用要求且省电的边缘计算机的用途。"出口淳先生说。

从前带动半导体芯片高速化、节电化发展的摩尔定律越来越走向终结，AI 芯片开发的算法和计算电路革新变得愈发重要。东芝的 TDNN 作为该领域的先驱性研究案例，今后也将受到瞩目。

（浅川直辉）

"国家缺少关键的 AI 研究基础设施"
提供 1 人 1000 兆 FLOPS 环境的理由

产业技术综合研究所从 2018 年初开始运行专门面向深度学习等人工智能（AI）技术研究的计算机基础"AI 架梁云端（ABCI）"。

提供 ABCI 的东京工业大学（东工大）信息理工学院研究科的松冈聪教授准备将 ABCI 的一部分面向 AI 芯片实验开放。

关于国内外 AI 芯片的开发动向、与美国谷歌等海外力量进行对抗的工程师支援战略等，我们采访了松冈教授。

东京工业大学信息理工学院研究科教授松冈聪先生

问：ABCI 中有可能导入 CPU、GPU（图像处理芯片）等通用服务器以外的 AI 芯片吗？

答：希望 ABCI 硬件的一成以下制作为实验性内置 AI 芯片的结构。能够加速深度学习计算的 FPGA（可重构电路的集成电路）或 ASIC（面向特定用途的集成电路）等。准备 PCIe 卡的空插口，使能够安装搭载 AI 芯片的加速装置板。

对于 AI 芯片的制造商来说也有利。在 ABCI 中集中了 AI 学习必需的数据，也可与最尖端的深度学习框架和性能进行比较。

近年来，也有国内企业提议，制造如富士通开发的深度学习专用服务器 DLU（Deep Learning Unit）等加速深度学习计算的 AI 芯片。无论日本还是海外，都希望 AI 芯片能够被接受。

问：聚焦于模拟脑神经细胞的"脑神经形态芯片"怎么样呢？在日本，NEC 宣布与东京大学联合在开发。

答：日本对脑神经形态芯片研究很晚，在海外已经有大约 10 项研究项目。日本对大脑的理学研究很盛行，但在脑神经形态芯片方面起步很晚。

但脑神经形态芯片适合于在神经网络上进行分类和预测的"推理"的节电化，但似乎不适合于给神经网络输入数据进行训练的"学习"。ABCI 聚焦于学习，作为内置芯片的环境可能不是最合适的。例如，美国 IBM 开发的神经芯片 TrueNorth，放弃了通过单一芯片进行学习，而是通过通用超级计算机处理学习。

无论是 GPU 还是其他的 AI 芯片，要达到深度学习中学习的高速化，如何使张量计算（多维排列的卷积运算）高速化才是最重要的地方。在这个意义上来说，以深度学习为首的机器学习和脑神经形态，即使目的相同，实际安装却如飞机与鸟一般，有天壤之别。飞机为了达到飞翔的目的，最佳化之后，成为似鸟非鸟的东西。

问：确实，现在的深度学习的研究，给人感觉与人脑差别很大。

答：那样也没问题。就像鸟与飞机的关系一般，AI 的工学最佳点正在于与人脑的差异。

在只能使用几台 GPU 的环境下不可能战胜美中两国

问：请再介绍一下设置 ABCI 的目的吧。

答：主要目的之一是为日本的优秀研究者准备 1000 兆 FLOPS（1 秒钟浮动小数点数的运算次数）级的 IT 基础设施。在 1 人只能使用几台 GPU 的环境中，不可能发挥一个人的才能。如果这样，与美国或中国的大型 IT 企业的差距会越来越大。

美国谷歌、美国亚马逊网站、中国百度等企业在公司的数据中心拥有几千几万台 GPU，研究者一个人能自由利用几百到 1000 台规模的 GPU。谷歌的围棋 AI "AlphaGo" 在 2016 年 1 月刊载 Nature 论文的时候，使用 400 台 GPU，现在肯定更多了。

几百台的规模，就相当于我们一个人占有深度学习专用的超级计算机 TSUBAME-KFC/DL。谷歌研究者以单精度 - 半精度换算运转 1000 兆 FLOPS，是理所当然的了。

谷歌日本法人 Staff Developer Advocate，Tech Lead for Data & Analytics，Cloud Platform 的佐藤一宪先生说，谷歌的研究人员拥有非常优越的环境，可以使用该公司的自主集群管理器技术 Borg，瞬间启动 1000 台规模的 GPU 服务器，用于研究。GPU 服务器与同样由自己公司开发的 Jupiter 网络连接，能以 10Gbits / 秒、微秒单位的延迟处理 GPU 服务器间的数据。"因此，TensorFlow 的深度学习分散化很容易发挥作用。"佐藤先生说。一个神经网络的学习，以数百台单位的 GPU 实行，大大提高了学习的速度。

问：如果研究人员能够使用 1000 兆 FLOPS，AI 的研究会有什么变化呢？

答：一个研究人员自由运转数百台 GPU，除了使学习速度极速提升，还可以短时间内完成深度学习中超参数（网络层数等构成神经网络的参数）的调整，因为能够在多个 GPU 上尝试不同的参数。AlphaGo，就是通过让多个神经网络对弈的强化学习方式提高棋艺，这种强化学习就要靠 GPU 的数量了。

包括谷歌在内的最尖端的 AI 研究，已进入元学习（学会学习）的领域。比较简单的问题已经解决，今后将提升问题的难易度。

如果不能和谷歌研究者有共同的视野，AI 研发就很难取得成果。但现在在日本，几乎没有拥有如此大规模的 AI 研究基础设施的企业。

民营企业自己投资基础设施，目标是不再需要 ABCI

我们是参加共同研究的一个环节，例如，为 Preferred Networks 提供了东工大的 GPU 超级计算机 TSUBAME 的一部分，为 Denso IT 实验室提供了 TSUBAME KFC / DL 的一部分，但基础设施却呈现不足的现状。

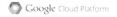

美国谷歌正在自主开发网络基础设施

（出处：美国谷歌）

　　AI 研发中重要的是算法、软件、数据，还有基础设施。算法和软件由人才决定，数据在企业中有很多。但是却没有关键的基础设施。在民营企业中，投资数亿元，将来能收到相应的效果吗？无法判断。

　　谷歌或百度等已经将 GPU 基础设施用于实际服务中，收获利益。与日本企业的现状进行比较，"形成投资循环"这点上具有决定性的差异。如果想靠云端建立 GPU 基础设施，现状是 GPU 使用费用非常高，想建立 1000 台 GPU 的基础设施非常困难。

　　ABCI 的意义，就在于为公共基础设施投资，取得成果，形成民间投资循环。

　　ABCI 的计算性能，深度学习必需的精度是 130 千兆 ~200 千兆 FLOPS。如果以 100 人经常使用来计算，一个人能确保 1000 兆 FLOPS。

　　ABCI 公开了软件和硬件的做法，使向民营企业数据中心的技术转让变得很容易。企业通过 ABCI 开发 AI 技术，转让至民营的基础设施，可以进行商用服务。最终，形成民营企业自己为基础设施投资，不再需要 ABCI，就可以说是 ABCI 的成功了。

（浅川直辉）

机器学习

Machine Learning

机器学习，就是通过在机器（计算机）上将人类学习语言或常识的过程再现，使计算机能够从数据中自动获取知识或法则。将从过去数据中推导出的知识或法则应用于新收集的数据中，对这些数据的意义或属性进行识别和分类，对未来发生的事进行判断和预测。

机器学习应用有以下一些实例，如通过顾客的购买历史为顾客推荐其有可能感兴趣商品的"推荐功能"、判别垃圾邮件和正常邮件的"过滤筛选功能"、检测来自外部对信息系统的攻击以及对信用卡的不正当使用的"检测异常功能"、找到图像中所拍摄对象的"图像识别"功能等。战胜专业象棋棋手的"あから"等最新的计算机象棋，也能通过机器学习对过去专业棋手的棋谱进行分析。

机器学习中，首先计算机随机生成数据背后的法则（模型），然后通过统计手法对此模型多大程度上适合实际的数据进行验证。通过模型的反复生成和验证，找到最大程度适合于实际数据的模型。

机器学习分为两大类，即将人类输入意义的数据作为"训练数据"使用，找到最适合人类做法的模型的"有监督学习"和不使用训练数据进行学习的"无监督学习"。还有两种学习方式：一种是根据过去的一次性批量的数据找到模型的"批量学习"，另一种是循序学习不断去修正模型的"在线学习"。

机器学习的软件有分布式批量处理软件 Hadoop 的补丁工具包

Mahout、分布式处理软件 Spark、在日本开发数据分析软件的株式会社 Preferred Infrastructure 所开发的在线学习软件 Jubatus。

机器学习研究作为人工智能（AI）研究的一个领域发展起来。但是直到 20 世纪 90 年代之前，人类预先给计算机输入知识和法则是普遍的方式，由于这种方式没有取得好的效果，在 2000 年之后的研究中，计算机从数据中自动获取知识和法则的方式成为主流。

现在机器学习备受瞩目有两大背景支持：一个是由于计算机处理能力的提升及存储容量的扩大，使大量数据的分析成为可能，另一个就是"大数据"，即人们通过网络很容易就能收集到大量的数据。

（中田敦）

第 5 章
无所不答的"自动聊天 AI"

无所不答的"自动聊天 AI"：解决人手不足问题的妙招

能够减少快递的再次配送，准确回答外语咨询。

这样的新技术正在快速普及。

这就是机器以对话形式回答人类提问的用"自动聊天技术"的聊天机器人。

随着自然语言处理等 AI 技术的发展，LINE 和美国 FaceBook 等公开了开发基础工具，使高级服务更容易被开发。

这些新技术可以说是解决人手不足问题的妙招。

聊天机器人应用开始向所有的顾客服务行业普及，大和运输（ヤマト運輸）和 AIRDO 航空、SBI 证券等公司将聊天机器人应用作为与消费者之间的新接口。聊天机器人也开始逐步应用于业务系统。

聊天机器人，就是由机器来回答人的提问的自动对话系统。它通过与人工智能的自然语言处理等技术相结合，能够以高精确度读懂顾客的意图。

2016 年以后，美国 Facebook 和美国微软、LINE 等相继发布了与 AI 技术相结合的聊天机器人的开发平台，正式开始进入飞速发展的聊天机器人开发市场。

"现在与企业用户之间所进行的与 AI 相关的交易中，聊天机器人开发是最多的交易之一。"日本微软市场及经营部门平台战略总部的大谷健部长说。很多用户通过 LINE 等聊天软件习惯了以聊天形式进行信息交换；它不需要像 Web 服务那样的画面设计，短时间内即可完成开发；能够增加对话功能灵活补充增加各种服务，这些优势吸引了许多企业用户。

2014 年	2 月	LINE 发布 LINE Business Connect 设想
	4 月	美国微软发布语音助手 Cortana
2015 年	7 月	日本微软在 LINE 公布对话 AI 玲奈（りんな）
2016 年	3 月	微软试推出 Microsoft Bot Framework
	4 月	美国 Facebook 推出 Messenger Platform
	9 月	LINE 开始正式提供 Messaging API
	11 月	微软开始提供 Azure Bot Service 的试用版
	12 月	美国 Slack 和美国谷歌宣布合作
2017 年	4 月	Facebook 在美国发布个人数字助手 M
		日本 IBM 开始提供 Workplace Support Services with Watson 的日语服务
		LINE 开始发售面向法人的顾客支持服务 LINE Customer Connect

各 IT 公司公布的聊天机器人相关服务的实例

能够引入大型消息收发服务的用户也是一大优势。例如，LINE 的国内用户在 2017 年 1 月时达到 6600 万人，受到这个用户量的吸引，2017 年 1 月，约有 150 家用户企业与 LINE 签约构建聊天机器人。

帮助解决物流问题

"仅靠聊天就能完成再次配送委托，终于能够满足顾客的要求了。"大和运输营业推进部的荒川菜津美股长说。该公司于 2016 年 11 月将提高对话精确度的 AI 装入 LINE 的聊天机器人中，这样通过聊天就能完成货物再次配送的委托了。

大和运输在 LINE 上利用能够建立自动应答系统的"LINE 商业联系"服务开展新型服务，是从 2016 年 1 月开始的。这样通过聊天就能够通知送货上门的时间以及有关货物的相关咨询。

但当初并不能委托再次配送，因为对话的精确度还不高。为了委托再次配送，需要离开聊天机器人，转到 Web 主页进行操作。该公司 1 个月要配送 1.5 亿件货物，其中大约两成货物会委托再次配送。"客户迫切希望能够通过聊天办理委托手续。"荒川股长说。

要开发能通过日常会话完成再次配送委托的系统，需要能够通过用户的简短消息准确掌握用户要求的高级 AI。大和运输采用了在自然语言处理方面擅长的企业 AI，花费大约 5 个月时间完成了研发。

大和运输的聊天服务是通过与该公司会员制服务"黑猫会员"相连接来使用的。将从前的邮件通知改为聊天软件的通知之后，用户的回复率提升了 60%。黑猫会员共有 1500 万人，由于用户的增加，使从前利用邮件的服务难以应对，为了促进再次配送委托等会员的使用，荒川股长介绍说："利用身边每日经常使用的社交网络服务 LINE 最方便了。"

随着聊天机器人越来越方便使用，用户也在持续增长。该服务开通之后，2016 年 1 月末大约有 100 万人的 LINE 朋友，到 2017 年 4 月时，超过了 706 万人，正在成为与用户进行沟通的有力手段。

据说在大和运输，常有用户提出要求"希望在配送前能够通过 LINE 进行通知"。只要充分利用聊天机器人的便利性，也是可以增加这种功能的。只要能够开发出根据配送路线信息将配送顺序发送给配送员的系统，那么与聊天机器人相连接，就能建立自动将消息发送给配送目标的系统，这样就能实现顾客所希望的服务。

相互对话的崭新用户体验

AIRDO 航空公司通过聊天机器人的双向互动，缩短与顾客的距离，开展有效的市场营销活动。

该公司于 2017 年 3 月通过 LINE 的对话服务开展特惠出售机票的活动。活动开始后，点击率暴涨，造成了 1 分钟服务器瘫痪的状况。"与电视或网络单方面发送广告相比，LINE 聊天服务收到了来自顾客的惊人反响。"AIRDO 营业总部营业部销售促进组的山本侑希子对此深有感触。

该公司自 2016 年 10 月开始展开聊天机器人"AIRDO ONLINE Service"，

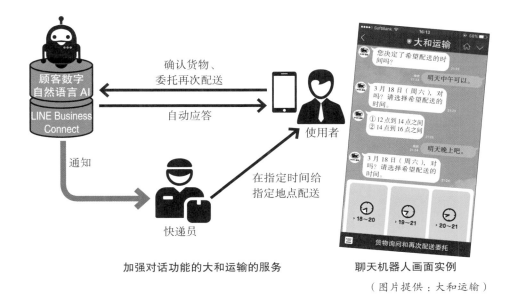

确认货物、委托再次配送

顾客数字
自然语言 AI

LINE Business
Connect

自动应答

使用者

通知

在指定时间给
指定地点配送

快递员

加强对话功能的大和运输的服务

聊天机器人画面实例

（图片提供：大和运输）

通过该服务，机票的预订、确认、登机手续等都能够在 LINE 上一并完成。旅行的相关手续通过聊天机器人集中完成，从而提升了便利性。AIRDO 将这项服务定位为与用户之间的沟通工具。

"现在已经是通过智能手机可以购买机票的时代。通过单方面的宣传战略已经无法拉开与其他公司的差距。如何将 LINE、Facebook 等方便与顾客进行沟通的社交服务软件应用于自己公司的服务，才是应该研究的课

聊天机器人的引进实例

行业	企业	服务
金融	SBI证券、SBI Liquidity Market	呼叫中心业务
保险	Lifenet生命、かんぽ生命（Japan Post Insurance）	保全手续、呼叫中心业务
旅行	AIRDO、Loco Partners	航班预约、确认，旅行计划商谈
零售	ASKUL、美国1-800-Flowers、LAWSON	顾客支持、商品建议
物流	大和运输	再次配送的委托、不在家的通知
房地产	At home、野村不动产	买卖相关的咨询应答
IT	美国IBM	系统工程的项目管理

题。"该组成员山田遥说。

因此该公司投入了对利用 AIRDO ONLINE Service 的聊天工具对北海道的旅游景点提供导游服务的"旅行导航"功能的研发。通过机器人聊天工具发送能够激发游客探索好奇心与玩儿心的信息。

AIRDO 的公司职员站在顾客的角度去制作内容，旨在为顾客提供感觉亲切的服务。"希望通过聊天机器人加深与顾客的沟通，提升用户体验，增加顾客回头率。"山本先生说。

在国内航空业界，引入 LINE 的聊天机器人服务的，AIRDO 是首例。该公司于 2016 年 7 月开始系统的研发，计划于 3 个月后的 10 月份开始提供服务。参与研发的总共大约 10 人，由 AIRDO 的几名负责人进行设计，实际安装委托给了公司以外的合作伙伴。结果与由自己公司开发智能软件相比，节省了成本和研发时间。

该公司正在探讨将来利用聊天机器人能及时与顾客进行沟通的优势，当遇到天气或其他原因造成航班等有变时，能通过 LINE 的即时聊天服务发给顾客通知。

当遇到航班取消时，售票窗口以及服务电话中心常因办理航班确认与

AIRDO 的聊天机器人服务 AIRDO
ONLINE Service

负责开发 AIRDO ONLINE Service 的 AIRDO
营业总部营业部销售促进组的山田遥（左）与
山本侑希子（右）

（图片提供：AIRDO）

变更手续的顾客或来电蜂拥而至，造成拥挤瘫痪的混乱局面，如果利用一次能与多人进行沟通的聊天机器人，有望缓解这种混乱状况。

AI 进化与扩展的用途

在大和运输与 AIRDO 公司普及推广聊天机器人服务的背后，是由于自然语言处理以及深度学习等 AI 技术的发展。通过对话能够准确读取用户意图的对话引擎的相继登场，使得 AI 应用的范围不断扩大。

在金融界，SBI 证券于 2016 年 12 月引入了"SBI 证券客户支持"系统。AI 能够对账户的开设方法等相关咨询进行自动应答。据说利用 AI 风投公司 PKSHA Technology 的子公司 BEDORE 的通用性对话引擎 BEDORE，能够提高对话和学习的精确度。BEDORE 的安野贵博社长说："我公司 AI 的优势就在于深度学习的学习功能，一线的工作人员也能轻易提高精确度，非常实用。"

聊天机器人不仅仅应用于与客户的互动，也开始应用于提升公司内部的业务效率。日本 IBM 于 2017 年 4 月，开始利用该公司 AI 服务群 Watson 提升系统研发效率的服务。其中一个环节就是通过聊天机器人对计划阶段的预测或开发中的项目管理进行支持的计划。"与人工相比较，更容易保证操作质量，提升开发效率。"该公司全球商务服务事业总部总设计师、技术总监二上哲也说。日本 IBM 预计于 2017 年 7 月开始聊天机器人服务。

聊天机器人的技术基础工具充足

随着 AI 技术的发展，能够短时间内建立搭载 AI 的聊天机器人服务的开发基础工具出现了，这更推进了聊天机器人技术的发展。

2017 年 4 月，LINE 开始提供专门面向企业呼叫中心的聊天机器人基础工具"LINE 顾客联络"。利用该基础工具，与美国 IBM 的 Watson 和 PKSHA Technology 集团的 BEDORE 等风投公司的 AI 进行结合，能搭建高级的聊天机器人。

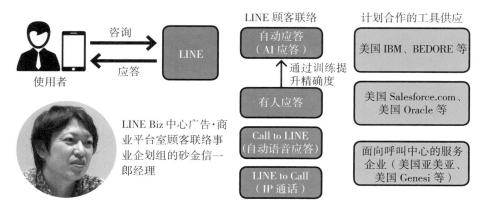

LINE 顾客联络的功能与工具供应

"希望通过提供基础工具带来聊天机器人的生态系统的繁荣。"LINE Biz 中心广告·商业平台室顾客联络事业企划组的砂金信一郎经理说。SBI 证券和销售网站 LOHACO 已经先行使用。

在海外服务的拓展上，正着力于开始利用能够应对多语言的开发基础工具。SBI Liquidity Market 与 SBI FXTRADE 于 2017 年 4 月对 FX（外汇）交易中来自个人用户的提问，开始应用自动应答服务。所采用的就是应对多语言的微软开发基础工具 Bot Framework。

"在 FX 业务尚未普及的亚洲地区开展服务时，如果有能够应对多语言的聊天机器人服务，则能够以当地语言开展 24 小时的应答服务。"SBI Liquidity Market 的开发总部的吉川裕太部长说。除了 Bot Framework，机器学习中与 Azure Machine Learning、视觉、听觉、语音等相关的信息，则使用了 Cognitive Services 等 AI 技术。旨在将来在分析顾客的账户信息、交易状况、顾客的行为倾向等方面，能够提供与人类操作员同等水平的服务。

将聊天机器人引入企业的主干系统的基础工具也出现了。日本电通集团于 2017 年 3 月开始销售应用了 IBM Watson 的面向中小企业的开发基础工具 CB1。通过装入 Watson API，搭载了自动应答咨询的功能，能够支持与业务套餐的主干系统联动的业务，除咨询应答之外，也适用于总务、会计、人事等业务。

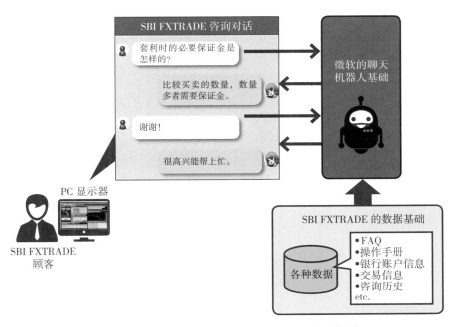

SBI Liquidity Market 与 SBI FXTRADE 的自动回答流程

根据 SBI Liquidity Market 的资料制作
（图片提供：SBI Liquidity Market）

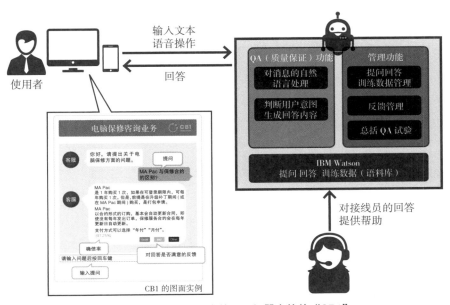

针对日本电通集团法人的聊天机器人软件"CB1"

根据日本电通集团的资料制作
（图片提供：日本电通集团）

现在听说与保险业界也有合作，将来渴望应用于银行、服装、房地产等领域。

语音应对的接口多样化

在与聊天机器人的互动中能够使用的不仅限于文本形式，将语音识别和语音合成功能装入聊天机器人，就可以以声音进行应答。这不仅限于 PC 机、智能手机，还可推广至智能手表、家电产品、汽车等 IoT 设备，增加与顾客的接触面。

刚才介绍的 AIRDO，据说未来就研发出提供与语音识别相结合的聊天机器人服务。例如，当有紧急出差任务时，对着智能手表说："预订今天出发去北海道的机票。"当场智能手表就能显示出候选的几个航班，这是未来的理想。

已经有语音聊天机器人即将普及的先兆。搭载语音 AI "Alexa" 的美国亚马逊网站的智能音箱 Amazon Echo，在美国等地就大受欢迎。2017 年 4 月，美国谷歌将能够识别数人语音的功能搭载到了智能音箱 Google Home 上。LINE 于 2017 年 3 月，发布了搭载语音 AI "Clova" 的智能音箱 WAVE，表明了加入语音聊天机器人领域的意向。

"下一个接口就是语音，AI 的发展使得语音操作有望得到应用。"日本微软的大谷先生说。大谷先生举了面向终端用户的私人助手 Cortana 为例，它能通过各种装置，如秘书般支持用户。

现在 Cortana 的使用只限于 PC 机或智能手机等，今后将可应用于汽车、机器人等 IoT 设备，提供无缝服务。例如早上起床后可以向智能手表询问当日天气，始终能够以声音向车载器确认一天的计划，在移动中就能够完成智能手机购物等，这样的智能生活未来都有可能变为现实。

微软在 2017 年 1 月的美国技术展览会 CES2017 上发布了与日产汽车合作将 Cortana 搭载于康奈特汽车的构想。

微软通过云向机器人提供 AI 功能，已经在一些店铺中引入了服务。拉面店 "鶏ポタラーメン THANK" 在波士顿的机器人 Sota 中搭载了微软

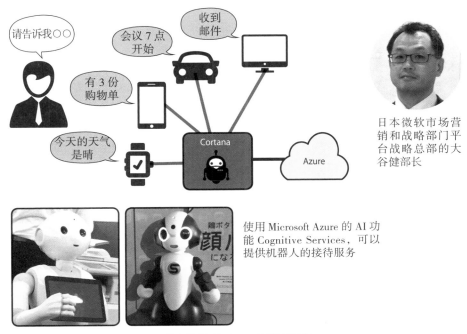

请告诉我○○

有 3 份
购物单

今天的天气
是晴

会议 7 点
开始

收到
邮件

Cortana

Azure

日本微软市场营
销和战略部门平
台战略总部的大
谷健部长

使用 Microsoft Azure 的 AI 功
能 Cognitive Services，可以
提供机器人的接待服务

私人助手 Cortana 的语音操作

的 AI，能够识别老顾客进行接待。

　　为了通过多种机器同顾客加强密切联系，聊天机器人服务成为不可或
缺的技术。通过 PC 机、智能手表等 IoT 设备，在任何场面都可与顾客进
行对话。

　　如亚马逊网站的 Alexa 一样，语音接口正在成为生活设施的一部分，
无论何种行业，如何将聊天机器人应用于自己公司的服务，已经成为迫切
研讨的需要。企业是否擅于利用聊天机器人，将直接关系到企业的竞争力，
如今这样的时代已经到来。

（佐藤雅哉）

Amazon Echo 成功的原因

2017 年 2 月到 3 月，搭载能够通过声音识别和自然语言处理理解人类语言的"语音 AI"，与人类进行语音对话的两个语音聊天机器人产品相继问世。

一个是讲谈社于 2017 年 2 月 22 日发布的模拟铁臂阿童木与人交流的机器人 ATOM。

将该公司发行的《周刊 自己动手制作铁臂阿童木！》共 70 期的零件进行组装后，ATOM 就完成了。能够用声音发出"做体操"等指令，与 ATOM 进行双向的对话。ATOM 采用的语音 AI 技术，当地是富士软件，云端是使用了 NTT DOCOMO 技术的混合型。

另一个语音聊天机器人技术是 LINE 于 2017 年 3 月 2 日发布的搭载了该公司自主开发的语音 AI "Clova" 的智能音箱 WAVE，和智能显示器 FACE。WAVE 将于 2017 年夏、FACE 将于 2017 年冬开始发售。据说除提

模拟铁臂阿童木的聊天机器人 ATOM

LINE 的智能音箱 WAVE（左）和智能显示器 Face（右）

（出处：LINE）

供新闻、天气、电商、翻译等服务外，还可通过语音操控家电。

美国亚马逊网站的智能音箱
Amazon Echo

（出处：美国亚马逊网站）

ATOM 和 Clova，两种产品虽然形状和功能各不相同，但都具有共同的不得不意识到的"假想敌"。那就是由美国亚马逊网站开发的、作为个人用假想助手（VPA：Virtual Personal Assistant）发挥功能的语音 AI Alexa 和搭载 Alexa 的智能音箱 Amazon Echo。

负责领导 ATOM 开发项目的讲谈社奈良原敦子在 ATOM 发布的记者招待会上，谈到了 Amazon Echo。"与 Amazon Echo 这样以实现便利生活为目的的机器人不同，ATOM 所瞄准的市场完全相反。因为有许多人希望能开发出和人进行交流的机器人。"

因此，LINE 的 WAVE 与语音 AI 的 Clova，在概念上，与 Amazon Echo、Alexa 相重叠之处很多。

现在，Alexa 的生态系统在快速扩展。在 2017 年 1 月初召开的 CES 2017 上，韩国 LG 电子、美国福特马达、德国大众等相继公布在公司产品上搭载 Alexa。

另外，亚马逊网站于当地时间 2017 年 2 月 23 日公布通过 Alexa 可利用的服务与功能 skill 达 1 万种以上。2016 年 9 月时只有 3000 种，短短 5 个月时间增加到 3 倍以上。通过 skill 可以使用外部企业的服务，如呼叫美国优步出租车、订购美国星巴克咖啡等。

以铁臂阿童木为目标的国内企业，从音箱起步的亚马逊

"Amazon Echo 的创新是要将作为高性能音箱的语音 AI 置于起居室的中心。"国内家电厂商的技术员说。

要让在家庭使用的语音 AI 产品获得成功，有两步不可或缺：一个就是"放在起居室没有违和感"，另一个就是"通过语音 AI 的体验，让用户获得超越期待值的满足感"。

第一步"放在起居室没有违和感"，说起来容易，实现的门槛儿却出乎意料的高。将崭新的一种装置放入起居室，会使用户从起居室的使用感觉和设计视觉方面有很强的心理抗拒感。

曾经的室内固定游戏机，在这一方面也经历了这个过程。例如，任天堂的 Wii 采用遥控式控制器的理由之一，就是起居室中已经有多个遥控，因此要考虑如何更容易融入起居室中。

挑战搭载语音 AI 产品的许多国内厂商，为了使语音 AI 制品融入起居室，选择采取人型机器人或宠物形状的手段。

软银机器人技术控股公司的 Pepper 消费者版或 TAKARA TOMY 的机器人玩具 OHaNAS 等就是具有代表性的例子。即将语音 AI 作为一名新的家庭成员或宠物放入起居室。讲谈社的 ATOM 也可看作是属于以上一类。

过去记者采访的国内负责开发语音 AI 产品的技术工作者们异口同声地说："要让用户在家中能够毫无违和感地与机器人对话，就需要机器人的形状是'有脸的机器人'。"

搭载 Alexa 的 Amazon Echo 却将这些技术人员的主张和意见击得粉碎。

亚马逊在将语音 AI 引进起居室时，采用了以放入起居室毫无违和感的家电形式，而非拥有脸的机器人形式。

要想让音箱和声音识别装置能够融为一体，实际上是极其困难的。"Alexa，打开音乐。"当音箱听从指令播放音乐的同时，需要麦克能够高精度识别"Alexa，订一份比萨"等的语音指令。即在大音量的录音室中，能够分辨出从远处传来的语音。

为此，Amazon Echo 装入了最新的音响技术。边从音箱播放音乐，同时能够通过消除回音提高语音识别精确度的话音插入（barge-in）、在喧闹的环境中能够识别来自相隔六七米处的语音的远场语音识别（Farfield Voice）等技术。"包括识别音箱、麦克的位置等，能够完成相当有难度的事情。"国内家电制造商的技术员介绍说。

亚马逊通过以音箱形式导入 Alexa，使迈向成功的另一步"给用户提供超越期待值的满足感"变得更加容易达成。

如果是导入如 Pepper、ATOM 等模拟人类的与人交流的机器人作为语音 AI，用户会持有较高的期待值，即寄希望于其能够像人类一样与人进行沟通交流。因此，用户对语音 AI 的满意度的门槛儿就会增高，换句话说，就是容易使人感到失望。

即便能够通过机器学习不断提升精确度的语音 AI，用户在购物电商网页的评论栏记录的往往是第一印象，如果第一印象让用户失望，则电商在网页评论栏上得不到高分。

Amazon Echo 原本就是音箱，因此顾客的期待值本来就低，这样反而容易提升用户的满意度。

Alexa 是以根据预先设定的逻辑执行指令为规则的语音助手，易于提高语音识别精确度，skill 的种类虽说有 1 万种，但用户预先登录的 skill 一般只有几种至几十种，因此易于降低对用户指令的错误识别率。

讲谈社与 LINE 的战略

有了 Amazon Alexa 和 Amazon Echo 的成功，从事语音 AI 的日本企业就必须在与 Alexa 的比较中确立自己的定位了。

虽说"机器人想要提高顾客满意度很难"，但仍然发售 ATOM 的讲谈社的市场营销战略就十分厉害。他们以百科全书的形式进行发售，将顾客的兴趣点从"与机器人对话"引向"组装机器人"。

就是说，用户要等到 1 年半后买全了百科全书，实际完成组装 ATOM，才可以使用 ATOM 的语音 AI 功能。即便对语音 AI 的第一印象评价不高，也是全部买全了百科全书之后了。

LINE 是采用与 Amazon Echo 相同的具有音箱功能的 WAVE 以及将脸显示在显示屏上的 FACE 的双面作战战略，以期在 Alexa 登陆日本之前，以音箱和机器人的双面作战形式，满足消费者需求。

（浅川直辉）

夏普的 RoBoHoN 的秘密，发展至此的语音 AI ！

夏普公司在开发放置起居室的语音聊天机器人方面独具特色。

自从在 2012 年发售搭载对话功能语音 AI 的吸尘器 COCOROBO 为契机，相继发售了能够对话的冰箱、超高温蒸汽烤炉、空气净化器、空调等家用电器。

美国亚马逊网站的语音 AI "Alexa" 与合作企业正式开始生产白色家电是在 2017 年，夏普的战略在某种意义上不能不说是跑在了美国的前边。

2016 年 5 月，夏普开始发售能够语音对话的机器人型手机 "RoBoHoN"。

可爱的动作、治愈系的对话、游戏、猜谜等各种细节，除了一部需要 20 万日元的高价，在国内的语音聊天机器人中普遍获得了用户的超高评价。在难以获得较高满意度的用户高期待值 "机器人型" 产品中，可以说是别具一格。

"2013—2014 年，语音识别精确度飞速提升，成为扩大语音识别应用

夏普 IoT 通信事业总部 IoT 云事业部产品解决方案开发部部长宇德浩二先生

的契机。"开发 RoBoHoN 的语音识别技术的夏普 IoT 通信事业总部 IoT 云事业部产品解决方案开发部部长宇德浩二先生说。

"通过导入深度学习，使得识别精确度得到了飞速提升，现在用智能手机写邮件时，用语音输入，基本可以无误地形成文本。'语音文本化'降低了错误识别率，则其应用会迅速得到普及。"宇德先生说。宇德先生所属的 IoT 云事业部就是在这样的技术发展基础上，正在开发应用于包括 RoBoHoN 的家电语音 AI 所共用的基础技术。

我们就通过宇德先生来深入了解一下 RoBoHoN 的语音 AI 的秘密吧。

云端与本体的混合动力结构

实现 RoBoHoN 的对话功能的语音识别引擎的特征，是通过 RoBoHoN 本体与云端，同时完成识别的混合动力结构。

RoBoHoN 云端的语音识别引擎采用了美国 Nuance 公司的引擎。"它的作为识别基础的词典数据丰富，学习功能强大。"宇德先生说。

另一方面，在本体机中，即 RoBoHoN 本体中采用了 Advanced Media 的语音识别引擎。RoBoHoN 内装了智能手机中使用的美国高通公司的处理器，该处理器执行语音识别功能的处理。

近年来的语音聊天机器有 Amazon Echo 和美国谷歌的 Google Home 等，均通过云端进行语音识别。

夏普的其他具有对话功能的家电，基本也是通过云端进行语音识别，因为在白色家电中的微型电脑，无法执行语音识别这样高负荷的处理。

云端型语音识别引擎的优点就是能够使用庞大的词典数据与丰富的计算资源。而本体没必要装入高价的处理器，这样能够压低本体机的制作成本。

本体机处理的优点

在本体机处理方面也具有云端型语音识别引擎所没有的优点，即将本机内的当地数据装入词典。

RoBoHoN 上，将手机电话簿中的名字都装入了词典。

例如，RoBoHoN 内的电话簿上有浅川这个名字，当打电话时，AI 就能识别该单词是电话的发信方。宇德先生说："之所以选择使用 Advanced Media，就是因为它具有能够轻松登录词典的功能。"

实际上对于语音识别引擎来说，并非词典数据越大越好。随着词典数据词汇的增加，同音异义词汇等难以区分的词汇就会增加，这样一来简单指令也很可能会读取失败。

RoBoHoN 本体中，词典数据较小，如果发出"拍照"等指令，通过预先装入 RoBoHoN 的简单指令，就能发挥高识别度。

即使是简单的指令，通过阶段性对话，也能够完成较复杂的指令。例如，上文介绍的打电话场面中，不是马上发出"给浅川打电话"的指令，而是：

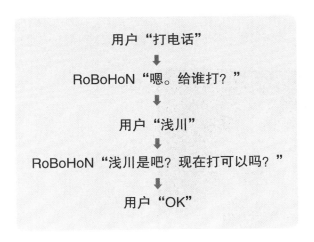

这样通过几句对话，边确认用户意图，边识别指令。

也就是说，虽然词汇贫乏，但能够确切识别简单指令或电话簿人名的本机引擎，与通过丰富的词汇能够识别词汇意义的云端引擎，各自在必要的地方可以区别使用。

在实际的 RoBoHoN 处理中，不管是何种指令或对话，本机与云端双方将指令形成文本，在识别处理上所花费的时间，二者差别不大，即使包含网络带来的延迟时间在内，也均能在 0.5 秒内完成语音识别。

ATOM 将文本解释混合动力化

讲谈社于 2017 年 2 月发布的家庭用机器人 ATOM，其语音识别全部靠自身完成。这样即使离线环境下，也能够使用语音 AI 功能。

只要是简单的指令，ATOM 都能够自己解释并执行，语音识别及对简单命令的解释，以富士软件在与人交流机器人 PALRO 中培育的技术为基础。

另外，对于复杂的指令和杂谈，机器人本身无法处理的文本，可以将文本输入云端的 NTT DOCOMO 的"自然对话平台"获取答复。

关于通过 ATOM 可实现的对话功能，包括与铁臂阿童木相仿的词句和对话剧本等，NTT DOCOMO R&D 创新总部服务创新部

第一服务开发负责人角野公亮先生说："ATOM 的语音服务开始的这 1 年半中，将探讨手段方法。自然对话平台本身也计划在 1 年半中增加功能，希望能够使用到其最新的功能。"

（浅川直辉）

关于识别结果的文本，RoBoHoN 内部会判断采用哪一个识别结果。至于具体的判断逻辑，宇德先生表示是"企业秘密"，但他说，像"打电话""拍照"等简单的指令，基本上是优先采纳本机的识别结果。

用 HTML 语言描述剧本

RoBoHoN 的对话功能，基本是基于剧本的。根据开发者预先制作的剧本，"如果用户说'○○○'，就回答'×××'，如果说'△△△'，就做'□□□'行为"，如此一步步积累，形成对话。

对话剧本，可以用 RoBoHoN 自己独特的开发语言 HVML（Hyper Voice Markup Language）来叙述。"与 HTML 一样，通过链接自动形成对话。"宇德先生说。通过描述 HVML，外部企业也可以开发面向 RoBoHoN 的对话软件。

未被预先设定剧本的对话，则 RoBoHoN 无法对答，这时被设定为 5 岁幼儿的 RoBoHoN 卡通人物发挥了作用。如果被看作是很多事都不懂的幼儿，即使不能给出如用户所期待的回答，也能够减少失望感。

采用可爱机器人形状、重视情绪、感情的交流沟通的 RoBoHoN，将发挥实际作用放在首要位置的 Alexa，哪种方法将最终占据语音聊天机器人的市场？终有一天将在日本市场展开竞争。

（浅川直辉）

美国语音 AI 创投企业的真相

　　野村证券、Recruit、损害保险 JAPAN 日本兴亚 3 家公司于 2017 年 1 月，通过谷歌投资公司等，向美国的语音 AI 开发启动公司出资。这家企业是以通过哼唱检索音乐的软件而在日本闻名的美国 SoundHound 公司。

　　SoundHound 在美国提供与 Expedia、Uber、yelp 等合作制作的语音助手应用软件 Hound，还提供在自己公司产品及服务中搭载了 Hound 基础语音 AI 的 Houndify。

　　该公司计划于 2017 年开始提供应对日语的语音 AI 服务。在 Amazon Echo 和 Google Home 等海外聊天机器人尚未表示进入日本市场时，作为海外力量首先表明了进军日本市场的意向。

　　该公司所具有的语音 AI 的特点，就是通过自然语言处理技术，可以应对复杂条件下的指令和提问。

　　例如，当检索酒店时，对于"明日住宿的旧金山的酒店、200 美元以上 300 美元以下、可以带宠物、有健身房和泳池、3 星或 4 星级、住两晚，不要没有 Wi-Fi 的地方"的检索条件，能够给出检索结果。能够解析自然文本的意思，转换为标准形式的查询，进行相关服务的检索。

　　SoundHound 2017 年 1 月 31 日公布，对于系列 D 的投资已经汇集了 7500 万美元（约 85 亿日元）的资金，在新的投资者中，除了美国英伟达公司、韩国三星电子的公司内风险资本（CVC），Recruit 控股集团公司的 CVC、野村控股公司、损害保险 JAPAN 日本兴亚也向 SoundHound 出了资。

　　此外，据 SoundHound 称，夏普计划统合 RoBoHoN 的新一代版本语音 AI 和 SoundHound 的 Houndify。

所有企业都必须有语音 AI 战略

"所有企业都必须有语音 AI 的战略。"SoundHound 社长兼首席执行官

SoundHound 社长兼首席执行官（CEO）Keyvan Mohajer 先生

（CEO）Keyvan Mohajer 说。"现在智能手机的普及使所有企业持有移动战略成为理所当然的事，同样这将适用于语音 AI。"

据 Mohajer 先生称，企业采用 SoundHound 的语音 AI"Houndify"的优点是，与 Amazon Alexa 等相比，更加具备语音 AI 战略自由度。

例如，家电厂商将自己公司产品对应 Amazon Alexa 时，用户需要登录的是 Amazon.com 的账号，而非家电厂商的账号，因此对于语音数据的使用历史，由美国亚马逊网站掌握，而非家电厂商掌握。

Houndify 中，对相当于 Alexa 的 skill 的外部企业提供的服务，称为 domain，在 Houndify、domain 之间相互连接，能够生成新的服务。"例如，将识别位置信息的 domain 与调配出租车的 domain、检索餐厅的 domain 组合，就能够提供'通过语音对话推荐餐厅，并调配出租车送往餐厅的服务'。"

据称，在美国，对 Expedia、yelp、Uber 等服务为 Houndify 提供 domain，现在大约有 150 项服务提供 domain。

向 SoundHound 投资的国内 3 家公司也在就使用 Houndify 的服务和提供 domain 进行探讨。

"我们的技术基础不依靠语言，但在包括收集必要的数据和开发程序库等方面，在日本至少希望雇用 10 名技术工作人员。"Mohajer 先生说。2017 年发布日本版时，预计将同时公开 25 个以上的 domain。据称，将涵盖时间、音乐、位置信息、天气、定时器、闹钟、股票价格、运动信息、航班信息等常用的 domain。

率先于亚马逊，先行联手日本国内大企业、准备进军日本市场的 SoundHound，或许将在今后日本国内聊天机器人应用软件的竞争中，成为不可小觑的势力。

（浅川直辉）

Amazon Echo 是通用电脑，而非音箱

自从美国 Google 发布在 2017 年内在日本发售 Google Home 以来，在日本 AI 音箱正越来越引起用户的注目。如果实际使用一下其始祖 Amazon Echo，就会发现，这其实不是简单的音箱，而是一台通用电脑。

笔者将 Amazon Echo 描述为通用电脑，是因为美国亚马逊网站在 2014 年末发售的这个终端，作为用户界面（UI）搭载语音助手 Amazon Alexa，再加上相当于应用程序的 skill，使这一终端能够用于各种用途。

一开始的电脑，是通过键盘输入指令进行操作的 CUI（命令行界面），Windows 电脑上则通过鼠标操作，进化为 GUI（图形用户界面），智能手机和平板电脑则是触摸屏的 UI。同理，Amazon Echo 是以语音或对话 UI 来操作的电脑。

为让人充分理解 Amazon Echo 是电脑，这里介绍两个例子。对着语音助手 Alexa 说话，即可操作 Amazon Echo 的周边电器的情况。

第一个例子是对着 Alexa 说"打开厨房灯""关上厨房灯"，厨房灯就

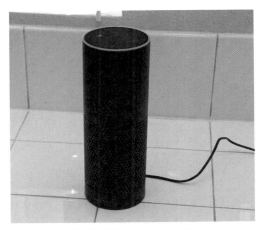

大家知道的 Amazon Echo

会按照指令被打开、关上。这里使用了中国电机制造商 TP-Link 的智能 LED 灯（产品名称是 TP-Link Smart LED Light Bulb）。

另一个例子是对 Alexa 说"打开电风扇""关上电风扇"，电风扇会按照指令开始运转、停止运转，这里使用了 TP-Link 的智能插座（产品名称是 TP-Link Smart Plug Mini）。

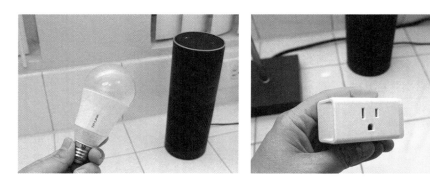

中国 TP-Link 制造的 LED 灯泡（左）和中国 TP-Link 制造的智能插座（右）

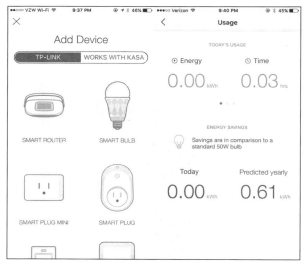

TP-Link 的智能应用软件。智能灯泡等开关，可以通过智能软件操作（左），能够显示电力使用量（右）

这些都是具备 Wi-Fi 功能的电灯和插座,原本是通过 TP-Link 提供的智能手机应用程序 Kasa 来控制电源开关的产品。在 Amazon Alexa 上安装 TP-Link 提供的 Alexa Skill,对着 Alexa 说话,就可以如上控制这些电器了。

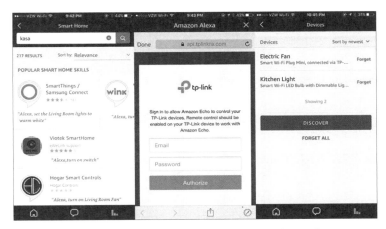

在 Alexa 应用程序上安装 TP-Link 的 Alexa Skill 的步骤。从 Alexa Skill 的商店检索 TP-Link 的 skill 登录

这里来介绍一下具体的程序。用户预先从 TP-Link 的智能手机应用程序 Kasa 上设定能够操作智能电灯或智能插座,智能电灯或智能插座通过初期设定,成为 Wi-Fi 的接入点,用户首先将智能手机的 Wi-Fi 的连接目标更改为以上接入点,再从智能手机应用程序更改智能电灯或智能插座的各种设定。

设定智能电灯或智能插座能够连接网络,这样就能自动连接到 TP-Link 的云端服务,自动登录。用户在 TP-Link 的云端服务设定用户账号,从智能手机应用程序使用这些云端服务,就可以控制智能电灯或智能插座了。

然后使用 Amazon Alexa 的智能手机应用程序,设置从 Alexa 控制智能电灯或智能插座,在 Alexa 的智能手机应用程序中,有相当于 iOS 的 AppStore 或 Android 的 Google Play Store 的 Alexa Skill 的商店,在这里检索 TP-Link 提供的 Alexa Skill 进行安装,这样在 Alexa 的智能手机应用程序上,被要求登录 TP-Link 云端服务的用户账号，输入用户 ID 和登录密码，这样就可以连接 Alexa 和 TP-Link 的云端服务了。

接着打开 Alexa 的智能手机应用程序 Smart Home 栏，选择 Devices 项，则在 TP-Link 云端服务登录的智能电灯或智能插座就可以在 Alexa 上登录了。如此就可以用 Alexa 来控制智能电灯或智能插座了。

在这个例子中，给智能电灯起名为 Kitchine Light，给智能插座起名为 Electric Fan，这就是使用 TP-Link 的智能手机应用程序登录的过程。Alexa 对用户自由登录的名称也可通过语音进行识别。

所使用的智能电灯属于可以自由改变亮度的类型，因此对 Alexa 说"把电灯亮度调至 60% 亮度"，则能够调整亮度。如果是能够调控颜色的智能电灯，则可以发出指令"把颜色变为橙色"。

Alexa Skill 突破 1 万种

据亚马逊网站称，在 2017 年 2 月，Alexa Skill 的种类达到 1 万种以上，电器商中，荷兰 Philips 也提供从 Alexa 控制智能家电的 skill，台湾的 ASUS 提供无线路由器用的 Alexa Skill。再装上 Uber 或 Lyft 的 skill，就可以利用语音安排调配出租车了。

但如果使用这些 Alexa Skill，就会想到过去的 CUI，在电脑的 UI 受限于指令的 CUI 时代，用户需要记忆这样那样的指令，而到只要点击图标或按钮就可操作的 GUI 时，不必记忆指令了，变得轻松多了。如果使用 Alexa，就如需要记忆 CUI 的指令一样，需要记忆 Alexa Skill 特有的语音指令。由于非常麻烦，所以在亚马逊网站的用户评论中，对 Alexa Skill 的评论打分不高。

Amazon Echo 无疑开拓了以语音控制的崭新的电脑形象，但要是使用起来更便利，尚有非常大的改善空间。

（中田敦）

在 Amazon Echo 体验购物

通过美国亚马逊网站的 AI 音箱 Amazon Echo，能够利用语音在亚马逊网站购物。只需对语音助手 Amazon Alexa 说"订一瓶矿泉水"。驻硅谷的记者试了这一用途。

语音购物体验和利用智能手机应用程序或在网页上购物的体验有何不同？首先对 Alexa 指定商品品牌，试着订购。

试订购的商品是在美国很受欢迎的 Smart Water 矿泉水。对 Amazon Echo 说："Alexa，订一瓶 Smart Water。" Alexa 会询问："Amazon 的选择是 Smart Water 6 瓶装、33.8 盎司（约 960 克），含税 12 美元 99 美分。"回答"Yes"，则购物完成。

只说商品种类即可完成购物

也可以不指定商品品牌，就能完成购物。试对语音助手说："Alexa，订购厨房用纸巾。"

这时 Alexa 会回复："根据您的购物历史，找到了 Bounty 白纸巾。大型 12 卷装，含税 23.97 美元，有 2 美元的折扣。"回复"Yes"，完成购物。

实际上，在我家购买 Bounty 品牌的厨房用纸巾时使用 Amazon Dash 按钮。如果厨房用纸巾用完了，就按这个按钮，在亚马逊网站订购 12 卷装纸巾，按 Amazon Dash 按钮订购的商品，预先在 Amazon 的智能手机应用程序上登录。

在亚马逊网站上，Bounty 品牌的厨房用纸巾不只有 12 卷装，还有 8 卷装和 6 卷装等各种包装，而我家常常订购的是 12 卷装，Amazon Alexa 根据笔者这些订购历史，订购了 12 卷装包装的纸巾。

目标是"无缝购物体验"

Amazon 的目标是"无障碍的无缝购物体验"。过去如果做饭时发现调

在厨房用纸巾放置处安装的 Amazon Dash 按钮，只要按动按钮
就能够购买 Bounty 品牌的厨房用纸巾

料快没有了，就需要暂停做饭，在购物单中记下调料名称，打开手机应用
程序或网页，在 Amazon 输入调料名称检索进行订购。但如果有了 Amazon
Echo，无须暂停做饭，只要对 Alexa 说一声，就能帮助订购即将用完的调料。

Amazon Dash 按钮也能实现无缝购物体验。在洗衣机旁安装洗衣液的
Amazon Dash 按钮，在洗碗机旁安装洗碗机用洗涤剂的 Amazon Dash 按钮，
在厨房纸巾旁安装厨房纸巾的 Amazon Dash 按钮，当这些东西快用完时，
只要一按按钮就能完成购物，无须停下手里正在做的家务。

Amazon 于 2017 年 6 月发售搭载新的语音助手的终端，这就是 Amazon
Dash Wand。这是搭载了语音助手功能的条形码读码器，用户使用它读取
商品的条形码，在 Amazon 上订购商品。

实际上这个条形码读码器的功能，以它的前身模式 Amazon Dash 也可
实现，而在 Amazon Dash Wand 上进一步搭载了 Alexa 功能。虽然没有搭载
能够播放音乐的功能，但能够回答简单的提问，使用语音购物。

我使用 Amazon Dash Wand 进行了语音购物。按住搭载在本体机上的
按钮与 Alexa 对话。

试着订购了洗衣液 Tide PODS，Tide PODS 有许多种类，Alexa 给我订

购了我家常订购的包装的商品。

Amazon Dash Wand 的价格是 20 美元，与音箱终端 Amazon Echo 的 179.99 美元、小型音箱终端的 Echo Dot 的 49.99 美元相比，是相当便宜的价格，可以说是购物专用的搭载 Alexa 的终端。

另外 Amazon 宣布收购的高级食品超市 Whole Foods Market 的自主品牌的条形码，我也试着以 Amazon Dash Wand 读取了一下，结果虽然能够识别该商品，但却不能从亚马逊网站订购。

实际上我家的许多商品都主要是 Whole Foods Market 和 Trader Joe's 超市连锁的自主品牌商品，现在在亚马逊网站能够订购的国内品牌商品几乎没有。如果在亚马逊网站能够订购 Whole Foods Market 的自主品牌商品，Amazon Dash Wand 就能够扩展其用途了。考虑到美国自主品牌的受欢迎度，Amazon 为加强生鲜食品等的在线销售，收购 Whole Foods Market 这样的现有连锁超市，是势在必行的一条途径。

（中田敦）

深度学习

Deep Learning

Deep Learning 是让计算机拥有像人类一样的学习功能的机器学习的一个分支领域，也被称为深度学习。

深度学习是应用神经网络的机器学习，它以计算机模拟再现脑神经元网络，利用重叠多个神经网络形成的深度神经网络（DNN），来提高识别率。

深度学习引起人们的关注始于 2011 年前后，那时在文字识别、图像识别、语音识别等识别率竞赛中，深度学习的手法不断取胜，显示出其实力。美国的 Google, Facebook, Apple 等 IT 企业竞相聘用深度学习的研究者或连同企业一并收购，以加大投入深度学习的相关研发。

例如，Google 在 2012 年以拥有 1.6 万个核心的计算机集群组成了 9 层的 DNN，令其学习 YouTube 图像后，使其具备了识别"猫脸"的功能。Facebook 也在 2014 年 3 月公布，通过深度学习的应用，使计算机的人脸识别率可与人类相比拟。

以人脸识别为例，我们来说明利用训练好的 DNN 进行识别的构造。将识别对象的图像数据输入第 1 层神经网络，这一层神经网络由多个脑神经元并列形成。第 1 层的各个脑神经元输出的信号，成为第 2 层的输入信号。如此进行第 3 层、第 4 层、第 5 层……输入的图像数据逐层被抽象化。以人脸识别为例，第 1 层是抽出脸的轮廓信息，第 2 层是抽出眼、耳、鼻等各部分的信息，第 3 层则是抽出各个部分的位置关系等整体成像的信息。

在此之前，深度学习之所以没有受到更多关注，主要是因为DNN特有的难题无法得到破解。一般为提高神经网络识别率，需要输入大量的训练数据。在一个个的脑神经元中，都设有一个参数，以针对多个输入值确定一个输出值。开始给一些参数，然后逐步微调参数，以缩小神经网络的输出信号与"正确答案"的分差值，最终使其能够输出更加令人满意的信号。这就是"学习"。

但是，为了完成复杂的识别，将神经网络多层化后，神经网络会对输入的少量训练数据形成过度适应，产生难以识别未知样品数据的"过度学习"等问题，无法形成有效的DNN。

最终找到解决方案是在 2006 年前后。在学习之前，采取对网络各层实施事先学习的手法，从而找到了避免过度学习的突破口。再加上随着 GPGPU 或大规模计算机集群等超级计算机技术的发展，能够以大量的训练数据训练 DNN，避免过度学习就变得更加容易了。这些突破性进展，使 DNN 在机器学习中得以崭露头角。

（浅川直辉）

第 6 章
AI 专家的见解

深度学习的价值在于获得"眼睛"

在 AI 方面带入新的创新的只有深度学习。

热潮领军者之一的东京大学特聘副教授松尾丰断言：在深度学习研究方面与美国差距甚大；但在产业应用方面，"日本有获胜的可能性"，需要向人才进行投资。

松尾丰
东京大学
研究生院工学系研究科技术经营战略学专业 特聘副教授

1997 年，毕业于东京大学工学部电子信息工学科，2002 年在该大学研究生院修完博士课程。原斯坦福大学客座研究员，2014 年任东京大学研究生院工学系研究科技术经营战略学专业全球化消费智能捐赠讲座的共同代表特聘副教授。2012 年始任人工智能学会总编辑委员长、董事，2014 年任伦理委员长。

（摄影：村田和聪）

——您怎样看第 3 次 AI 热潮？

期待值与实力不相称，我认为这很危险。

第 2 次热潮时也一样，无论什么都提到 AI，例如搭载 AI 的家电，在第 2 次热潮中也成为热潮。

——严格来说即使不算是 AI，只要与 AI 挂上钩就能取胜。

确实如此，对 AI 进行定义很难，如果想要定义，就需要定义"人类的智能是什么"，这非常难定义。另一方面，正因此而形成了魅力。

这次的 AI 热潮，可以大致分为两个要素进行整理，一个是将从前存在的 IT 称为 AI 的，大约占整体的八成。

将从前的 IT 称为 AI 本身，我不觉得是坏事，因为称为 AI 就是拟人化的一种表达，将技术比喻为人，可能更易于理解。

但需要注意不能过度拟人化，因为无法整理出哪些能做、哪些不能做。期望太大，就容易失望。

预测下一步的技术成为可能

现在的 AI 热潮中有一个重要的因素是深度学习，是从前的 IT 中没有的剩余的那两成领域，在这里正在掀起创新热潮。

——深度学习会带来什么？

"诞生了眼睛。"我想可以这样认为。深度学习是相当于人类眼睛的技术。传感器发挥视网膜的作用，深度学习发挥视觉区的作用。

图像识别精度不断提升，2015 年超越了人类眼睛的识别精度。

最近，对于图像识别的下一个阶段的预测出来了，例如，输入从海岸看到的波浪图像，能够预测描绘出下一个波浪的动图。为实现与人类观察世界完全相同的系统所进行的研究正在不断向前发展。

深度学习可以说是判断看到的东西是什么的"模式处理"的技术，通过看到的事物预测下一步即将发生的事情，也是模式处理。

模式处理是生物为了生存下去所需要的基本能力，无法判断看到的事物是什么的生物就会绝迹，因此这是生物早期必须掌握的一项能力。

但是此前的 AI 却不具有这样的能力。从前的机器学习，对于学习数据变数的设定必须依靠人类，相当于变数的特征量的抽取依靠的是人类。

依靠深度学习掀起"寒武纪生命大爆发"

——获得眼睛会发生什么事情呢？

生物获得眼睛后，生物战略会快速多样化成长，发生突飞猛进的进化。

同样的事情应该也会发生在机器和机器人的世界。可以预想会发生与"寒武纪生命大爆发（大约 5 亿年前，寒武纪的生物完成了突破性进化）"一样的现象。

以农业为例，可以实现依靠自己眼睛判断的农作物收割机器人，如果收割成为可能，则对农作物病害判定的机器人也能够实现，然后就可以采取针对性措施。

同样的事情也有可能发生在制造业的工厂里，也有可能发生在医疗、护理、建设、食品加工等各个领域。

获得眼睛的机器除了可以作为硬件来销售之外，也可以作为服务的一部分来提供。在农业上，可以提供采摘西红柿、诊断病害、提供治疗措施等服务。

将这些组合后，难道不可以制作管理整个农场的平台吗？只要有这样的平台，

（摄影：村田和聪）

就能成为有力的武器，在海外也可以进一步推广。

——您是说展开作为平台的竞争？

是的。深度学习技术本身，谁都会使用，将来总会走向商品化。

今后竞争的关键在于训练数据与硬件。这里所说的硬件如果是制造业，就是指工厂的工作器械或生产设备。

——日本能占据优势吗？

在深度学习研究方面，日本已经完败给美国。就好像马拉松长跑者跑过 15 公里时，与竞争对手相差了 3 公里这样的距离。

但在产业应用方面，日本还存在获胜的可能，比如制造业。在硬件方面拥有优势的日本企业有很多。

AI 人才能够创造巨大的效益

日本企业的问题在于对技术人员的投资。走在前边的欧美企业聚集了世界各地的技术人员，原本对于抢夺人才的意识，给予的待遇，两者间就有很大差异。

我认为对于深度学习的人才，可以每人每年投资 1 亿日元。看看势头好的创业公司或美国企业，一名深度学习的人才能够创造 5 亿日元价值的并不罕见。

考虑到研究所必需的训练数据及设备，给予年收入 1500 万 ~5000 万日元的报酬是合适的。

深度学习的技术人员能够创造巨大的利益。
投资额可以考虑给每人投资 1 亿日元。
如果不想付出高额的报酬就无法在人才争夺战中取胜。

但在日本，学习深度学习的硕士毕业后在大型企业就职，年收入顶多只有 500 万日元，这样就无法在人才争夺战中取胜。

对于 AI 人才的投资可以将其视为对设备的投资，因为这是创造价值带来效益所必需的。

通过提升对人才的报酬，产业奋起直追世界企业，那么研究者的水平就能够不断提升，研究者周围的环境也会得到改善。

——要增加对人才的投资应该怎么做？

获得企业经营者的理解不可或缺，不必考虑得太复杂。只要认识到深度学习可以使机器获得眼睛就可以了，有了眼睛，机器自己就可以做出各种判断自行运转。

然后可以考虑进军怎样的市场，能做什么，在多少市场，能获得什么程度的利益？这样就能够计算应该投资多少了。

——2017 年对 AI 来说是怎样的一年呢？

关注到 AI 必要性的企业，已经在 2016 年开始行动了。感觉敏捷的企业已经开始投入深度学习。我想在 2017 年会有成果显现了。

利用深度学习获得明显成果的企业会大幅增加。看到先行一步的企业，其他企业也会开始行动。在技术层面的理解可能也会不断地深化。

（中村建助）

诉讼援助培育形成数据解析技术
利用自主开发的 AI 提升医疗效率

FRONTEO 通过在国际诉讼中帮助当事人进行电子取证快速发展起来。

对在比赛中不正当使用象棋软件的棋手的智能手机进行解析。

以诉讼援助中培育形成的数据解析技术为基础，开发人工智能（AI），扩大事业领域。

董事长守本先生对日本企业的法务适应敲响警钟。

守本正宏

FRONTEO

董事长

1989 年 3 月在海上自卫队任职；1995 年 4 月进入 Applied Materials Japan 公司，2003 年 8 月成立 UBIC（现 FRONTEO），任董事长（现任）；2015 年 4 月任 UBIC MEDICAL（现株式会社 FRONTEO 健康护理）董事；同年 7 月任 EvD, Inc.（现 FRONTEO USA, Inc.）董事；9 月任 Rappa（现株式会社 FRONTEO 通讯）董事。

（摄影：北山宏一）

——日本象棋联盟公布，将在对局中不正当使用象棋软件的棋手的智能手机委托给 FRONTEO 进行解析。

在日本象棋联盟的调查中，FRONTEO 公布了解析结果，表明经检查智能手机以及电脑，证明没有问题。对与象棋软件中棋谱的一致率进行调查，发现有比受到怀疑棋手的一致率更高的棋手。

FRONTEO 是一个可提供"电子数据取证技术"的公司，可找到证明不正当行为及犯罪证据的电子数据，作为证据提呈法庭，接受来自法律事务所及安全企业等众多委托业务。

在国际诉讼中无法获胜的日本企业

——为什么会开始做通过 IT 对国际诉讼提供支持的业务？

因为我注意到有必要在国际诉讼中对日本企业提供支持。日本的企业经营者中，有一种误解，认为诉讼本身是件坏事，但对于国际企业来说，它却是竞争手段之一，与开发优秀产品提升价格竞争力一样。如果想要进军国际市场，就必定会时常伴随被卷入国际诉讼的风险。

在美国企业中负责诉讼的是 COO（首席运营官）或 CFO（首席财务官），而在日本企业却是委托给律师或法务部门，往往使问题更加恶化。

——是因为法律制度不同吗？

在美国的诉讼制度中，有自己收集诉讼的相关电子数据，提呈法庭的"电子取证制度"。企业拥有的资料基本都是电子数据，需要对上百万个文件进行解析，找到证据。

FRONTEO 看到了企业中不断增加的电子取证的需求，于是开始自主开发可进行日语、汉语、韩语电子取证的软件。

——被卷入国际诉讼的日本企业似乎在不断增加。

在美国被起诉的日本企业有很多，除了诉讼之外，在国际企业联盟或发生产品事故等情况下，被要求提交证据时，企业也必须快速、准确地进行调查。

例如，最近被热议的汽车零部件不合格事件中，企业被要求公开公司内部数据。律师是进行法律手续的专家，但却不擅长从电子数据中搜集证据，所以需要像我们这样的专家调查整理证据。

法律应对也要重视数据

在美国，从20世纪90年代后半期开始，有近1000家IT企业从事从大量数据中收集整理证据，与法律相结合，形成被称为LegalTech的一大产业。

——日本企业能够应对包含电子取证在内的国际诉讼吗？

日本企业因为认为诉讼拖得时间太长，耗财又耗时，所以往往倾向于尽快取得和解。一说和解，似乎给人圆满解决的印象，但在美国，只有"胜利的和解"和"失败的和解"。有很多情况，被报道的和解，实际上是以日本企业支付了庞大的和解金为背景的。

尤其是日本企业大都不理解电子取证过程的重要性，因为无论是法务部门还是IT部门，都无法想象能完成需要几百人耗费几年从无从查找的庞大电子数据中找到证据的这项工作。在提供表示没有问题的证据这一环节上，往往无法应战。

实际上在电子取证的国际市场中，亚洲占四成，其中日本占八成。据说在国际企业联盟中，日本企业支付的制裁金，合计多于欧美企业。

日本面对企业联盟的软弱往往被认为是主要原因，其实最大的原因是不善于应对诉讼。在诉讼社会的美国，有一种认识还在扩大，那就是只要起诉日本企业就一定能胜诉。

——海外企业将应对诉讼作为企业经营战略，而日本企业却强调遵守法令，二者之间，认识上是有差异的。

差异很大。日本企业为了使职员不采取不正当的行为，定了许多硬性规则，美国企业却将重点放在如何利用公司内数据快速发现不正当行为这种更务实的问题上。

美国企业内部如果有违反了内部管理规则的不正当行为，会作为证据保存下来，通过 LegalTech 构成惩罚职员的系统。换言之，就是利用 IT 更有效适应法律和规则的手法。

——因此，有必要通过 AI 提高效率，是吗？

用美国的工具无法解析日语，所以我们当初编成了按客户要求定制的工具，以近乎手工操作的方式进行解析。我们意识到为了提高效率就必须开发自己的系统。我们聘用了自然语言处理研究专家作为 CTO，CTO 的研究伙伴们也成为自主开发 AI 的"KIBIT"的开发成员。

在美国也有许多从事 AI 的企业，大都准备了大量的训练数据，对 AI

（摄影：北山宏一）

实施训练。我们则相反，开发出能利用较少训练数据，短时间内完成训练的 AI。由于熟练学习了人类的抽取特征能力和人类的隐性知识，结果提高了发现不正当行为证据的精确度。

目标是成为日美的顶尖企业

——你们在利用 AI 扩大事业领域。

2003 年成立公司以来，2007 年在东京证券交易所玛札兹（Mothers）市场、2013 年在纳斯达克上市。2014 年和 2015 年收购了美国的两家电子取证公司，在美国有丰富经验的业界人才约 250 人，在全世界有 420 名职员。

2016 年 3 月期的联合结算销售额中 105 亿日元的 99% 是电子取证所得，在美国的销售额占全部销售额的大约六成，目标是在该行业发展为日美两市场的顶级企业。

现在，通过有效利用在法务领域培育的数据解析技术或隐性知识开发的 KIBIT，正进军解析医疗数据的健康护理、数据市场、商务智能等领域。

尤其在医疗数据解析方面，正致力于筛选适合检测治疗认知症、精神疾病新药疗效的患者。通过解析医生与患者交流的语言，可使依靠熟练医生隐性知识所做的诊断获得高精确度。

人们常说日本在 AI 方面不如美国，我不这么认为。在新兴事业健康护理领域，需要长期的投资，可能获取利益尚需要一些时间，但希望通过国产的 AI 在医疗界掀起一场革命。

（中村建助）

**在日本，诉讼本身被误解为是坏事情，
但对国际企业来说却是竞争手段之一。**

业务领域的 AI 应用需要三个条件

受访者：Salesforce 的理查德·索切。

带动现在第 3 次 AI 热潮的深度学习技术。

理查德·索切是该技术的先驱者之一。

美国斯坦福大学学习博士课程期间，开始学习深度学习，2014 年成立深度学习风投公司 MetaMind。2016 年被美国 Salesforce 公司收购后，作为该公司首席科学家主持 AI 研究。

其成果被应用于 Salesforce 的 AI 平台 Einstein。

问：在商务领域应用 AI 时，什么最重要呢？

答：有三个条件最重要。首先要有准确的数据，其次要有正确的算法，还有一个是与工作流程相结合。满足这些条件，就能够应用于商务，发挥出有价值的作用。

在美国 Salesforce 网站担任首席科学家的理查德·索切

我成立的公司 MetaMind 现在是 Salesforce 的一员，我个人认为这个意义很大。加入营业、服务、市场营销这个工作流程，才能够灵活应用 AI。这样一来，企业各个岗位的人都能够享受到 AI 带来的利益。

看准今后两三年的应用前景

AI 有两大趋势。一是针对某种输入做相应的处理，然后输出，就是单纯的"输入输出型"。语音识别或 e-mail 的分类、机器翻译都包含在这一范畴。这类的 AI 正在走向商品化，许多应用程序界面正在被使用着。

二是看准两三年以后的应用前景，以更高的精度、更高级的操作为目标。这正是我所属的 Salesforce Research 这类研究开发组织正在走的路。不是单纯的输入输出型，例如以与电脑进行自然的对话为研究目标，自动驾驶也包括在内。

2010 年时应用于自然语言处理被看作赌博

索切对深度学习的研究特征是，从初期开始就志在应用于自然语言处理。现在以美国谷歌为首，应用于自然语言处理的例子有很多。"但 2010 年时却被看作是一场赌博。"索切回想着当时的情景说。

问：听说您是在研究自然语言处理时开始投入研究深度学习的。

答：还在读博士课程时，对自然语言处理和机器学习都有进行各种研究。那个时代，依靠语言的特征，许多语言学家和计算机研究者们根据特征判断"哪个机器学习算法更合适"。

关于这个过程，我表示怀疑："这不是 AI，这只是人类智能而已。"所以我想要去实现 AI。

这样开始关注深度学习。输入新鲜的文本数据，从中学习特征，再利用其结果输出高精度的结果。我认为这是有可能的。

2010 年时，许多深度学习的研究目标是为了应用于计算机视觉，应用于自然语言处理的实例非常少。那时，应用于自然语言处理被看作是场赌博。但 2013 年以后，许多企业开始在自然语言处理领域应用深度学习了。

向医疗领域投产

这样在 2014 年创办了 MetaMind，但深度学习主要是应用于计算机视觉。

问：创办 MetaMind 之后，将深度学习主要应用于自然语言处理领域了吗？

答：主要还是应用于计算机视觉，虽然自然语言处理的研究也有所进展，但公司的资金有限，想要从事两方面工作有困难。因此先行投产了将深度学习应用于计算机视觉的产品。

我在大学从事研究时，有各种企业前来咨询。我认为，深度学习是通用的技术，不会被束缚于一个领域，而是会在许多领域都发挥作用。于是创办了 MetaMind，作为研究深度学习的平台。

最初一起工作的企业，有非常有趣的数据集，以此为基础将深度学习应用于计算机视觉，投产成功。

问：是什么样的产品呢？

答：以医疗现场的使用为前提的东西，在医疗急救中，通过图像分析患者脑内是否出血的工具。

另外还在各种各样的领域应用了深度学习。例如上传社交媒体的图像识别、房地产的图像识别等，还有应用于电商的实例。

问：先行应用于计算机视觉，是不是也因为应用于自然语言处理有一定的难度呢？

答：就 MetaMind 来说，先行应用于计算机视觉主要是市场的要求，因为有顾客需求。并非因为应用于自然语言处理的研究难题，或其他什么根本性的问题。

但是这个提问很有意思。语言反映了人类的智力，是很复杂的，复杂性有时会超出图像（印象）。

印象也并非能够简单地分类，也有复杂的一面。但是，语言的复杂性要远胜于印象。既包含人类的见识，又反映理论性思考，同时反映模糊的情感，在认知科学中，语言是最有趣的领域。

问：在 Salesforce 的研究内容与 MetaMind 时代相同吗？

答：我们加入之前，Salesforce 有数据科学家进行研究活动，但他们是专攻应用领域的。

MetaMind 带来了应用领域的根本构成要素——机器学习，我想这会促进 Salesforce 的 AI 发展。

以一个模型应对各种提问

我们的野心是"以一个模型能够办成各种事"。以视觉的形式回答提问，就是一个实例。希望能够更加准确地回答提问，还要不断发展机器翻译和语音识别。为此今后将继续积极投入 AI 的研究，不断将成果投入应用。

问：核心技术将是深度学习这一点不会改变吧？

答：是的，自动驾驶虽不是我们的领域，但我们会继续研究在自然语言处理或计算机视觉方面的应用。

问：在 Salesforce World Tour Tokyo 2016 的讲演中，您说起 Dynamic Memory Network（DMN），这也是"一个模型"的尝试吗？

答：是我们初期的尝试。现在正准备利用进一步发展的 Dynamic Coattention Network（DCN），使一个模型能够完成更加复杂的提问应答。为了发展向自然语言处理的应用，需要在一个模型中利用能够处理多个任务的"菜单任务学习"。

DMN 由解答提问的神经网络结构、提问、输入、情景记忆、回答几个模块组成。目标是都以向量表示，文本或图像等不同种类的输入都由一个模型来处理。

例如,使输入模块具有"约翰在院子里摘了苹果""约翰走到了厨房""把苹果放到了厨房""约翰去办公室了"等一系列文本,在提问模块中输入"苹果在哪里"的问题,DMN 在情景记忆模块中根据输入模块的文本与提问的关系,根据向量计算,得出"在厨房"的答案。

如果从图像抽取特征,利用向量化的输入模块,就可以完成对图像的提问回答了。发展了 DMN 的 DCN 会根据提问对输入再次解释,这样将可以不断提升回答的精确度。

使用的便利性未必与 AI 相对立

问 : 现在的 Einstein 中有反映 MetaMind 的研究成果吗?

答 : 关于机器学习,我们在被收购的 2014 年之前就开始与 Salesforce 展开合作,目标是利用深度学习不断提升性能的精确度,已经有一些成果反映在 Einstein 中,将来将会不断扩大成果。

问 : 将自然语言处理与深度学习进行组合,会得到怎样的效果呢? 请为我们描述具体些的形象。

答 : 我们将 AI 应用于销售、服务、市场营销等顾客相关管理（CRM）的领域,在各个领域会发挥不同的性能。

在发布之前,我不能全部透露,在销售方面,可以列举显现潜在顾客准确度的性能,对于营业负责人来说,AI 能显示哪个销售案例、哪个潜在顾客的准确度高,将会提升工作效率。

在服务方面,在面向顾客服务的领域,利用 AI 将来自顾客的提问恰当地分类,然后分配合适的服务人员,这项工作是我们的技术能够做到的。

在市场营销方面,可以以图像识别领域为例,以文本检索是现在的技术能办到的，但若企业想要检索自己公司或产品的标识是如何被其他公司或其他人使用的，现在还是很难做到的。

但若计算机能够识别那个图像，则可以作为检索对象收集信息，这也是我们的研究成果。

问：Einstein 以使用便利性作为销售的招牌，这与 AI 的高性能、高精度能形成折中的关系吗？

答：使用便利性与 AI 未必是矛盾的，准备好数据，输入恰当，与工作流程合作顺利，也就是说，只要与输出相关的作业流程确立了，就不会牺牲使用便利性。

您的提问非常切中要害。我也是从 MetaMind 时代开始，就持有一种信念，即应用 AI 时不牺牲使用便利性。我认为使用 AI，不断改善 AI 是可能的事情。

例如，对于潜在顾客的预测，单击一次就可以执行，只要准备好数据集，也不需要调整。

Salesforce 之前的方式是首先制定适合某种特定目的的解决方案和重点解决方案，然后逐步执行。例如，一开始顾客能写的只是特定的范围（顾客范围），然后至目标的层次，再进一步至工作流程的层次，界面也是顾客自己制作。

希望 AI 也能实现相同的事情，如果最终能够发展到顾客自己可以训练 AI 这样的自由度就好了。

对于开发者来说，这是一个无与伦比的好时代

问：您在演讲中说："对于开发者来说，这是一个无与伦比的好时代。"这句话的真正含义是什么呢？

答：不仅仅是 AI，现在开发者能够利用的工具非常齐备，只要有创意，就能够利用高级的工具实现它。

例如，美国 Instagram 就是一个由 10 人的小团队开发的服务，现在拥

有许多用户。有效利用数据，例如在健康护理领域，也可以应用 AI 帮助许多人。在深度学习领域也是这样，美国谷歌的 TensorFlow 或 Preferred Networks 的 Chainer、美国 Facebook 的 Torch 等程序或工具都可以作为开放源代码软件（OSS）应用。今后还将有更大的发展。

（田中淳）

Google 云端的筹码就是机器学习，我们也提供专家才能

受访者：美国 Google 的 Jia Li 女士。

美国 Google 扩大云端服务 Google Cloud Platform 使用的筹码就是机器学习服务。该服务的开发负责人 Jia Li 女士兴致勃勃地说："让任何人都能够利用机器学习，这里面有巨大的商机。"

关于 Google 的云端 AI 战略，我们采访了曾参与美国斯坦福大学 ImageNet 项目的著名 AI 研究者 Jia Li 女士。

问：Google 不断地在加强机器学习服务，例如，在 5 月份举办的 Google I/O 上发布 Cloud TPU 等，其目的是什么呢？

答：我们的战略很简单，就是让任何人都能够利用机器学习，这里面有巨大的商机。企业将机器学习库的语音识别功能或图像识别功能搭载在应用程序中，能够大大改善为顾客提供的服务体验，提高商务生产率。

Google 提供的机器学习服务，大致可以分为 4 类，即数据、处理环境、

在美国 Google 负责开发机器学习云端服务的负责人 Jia Li 女士

算法和机器学习的专家才能。我认为，这里面特别重要的就是机器学习的专家才能。因为应用机器学习的专家很欠缺，其绝对数量是不够的。

问：为用户企业提供机器学习的专家才能，这是什么意思呢？

答：Google 在此前为了在自己公司的服务中搭载机器学习，在公司内对几千名软件开发者进行了机器学习的有关培训。今后将为用户企业的软件开发者也提供机器学习的培训环境，这就是 Advanced Solutions Lab（ASL）。

用户企业的软件开发者通过接受 Google 公司内课程培训，与 Google 所属的机器学习专家们共同操作，就能掌握关于机器学习的高度专业的知识。另外，Google 专家们也提供支持用户企业应用机器学习的服务。

登录 Kaggle 的数据科学家突破 100 万人

2017 年 3 月，Google 收购的 Kaggle 也发挥着重要的作用，Kaggle 是数据科学家通过数据预测来设计竞赛，从而不断磨砺自我才能的服务。2017 年 6 月，登录 Kaggle 的数据科学家突破 100 万人，Kaggle 为机器学习才能的"民主化"做出了很大贡献。

在扩大机器学习范围这点上，数据的提供不可或缺。用户企业为了应用机器学习，首先必须尝试机器学习。但如果没有训练计算机的数据，则不可能尝试机器学习。

Google 为了让用户企业能够尝试机器学习，公开了各种数据集。染色体组数据集、事先给予标签信息的几百万件 YouTube 视频数据集等。Google 希望用户企业首先试用这些公开的数据集。

关于算法我说明一下。Google 为了网页检索、广告、Gmail、Google Photos、Google 翻译等自己公司的服务，通过机器学习开发了包括图像识别功能或翻译功能在内的多种 AI 功能。这些功能作为服务也原样提供给公司外部使用。

用户企业只要利用 Google 提供的 API（应用程序界面），就可以将 Google 训练完成的 AI 功能搭载在应用程序中。

日本航空公司 Peach Aviation 利用语音识别服务 Speech API 开发了对顾客来电咨询进行自动应答的服务，即对顾客关于航班的起飞降落情况进行的咨询理解后，通过语音给顾客提供正确信息的系统。

问：用户企业能够按要求定制 Google 训练完成的 AI 功能吗？例如进一步扩展图像识别功能——Vision API，使其能够识别特殊的物体？

答：可以的。实际上有这样的实例。美国宾夕法尼亚州的驱除害虫公司 Rentokil 通过特别定制的 Vision API，开发出了能够分辨害虫种类的智能手机应用程序 PestID。用手机拍下害虫后，用 Vision API 对图像进行识别，就能够判断害虫的种类，然后告诉用户针对此类害虫最有效的杀虫剂种类。

原本 Vision API 并不能分辨害虫的种类，用 Rentokil 拥有的害虫图像数据实施训练后，它就能够分辨害虫的种类了。

问：关于机器学习的处理环境，Google 提供怎样的服务呢？

答：关于处理环境 Google 提供 3 种服务，包括可扩展的机器学习处理环境 Google Cloud Machine Learning（ML）Engine、搭载了 GPU（图像处理服务器）的虚拟机和 Google 自己开发的深度学习专用服务器 Cloud TPU 的服务 Google Cloud TPU。

对于用户来说最方便的是 Cloud ML Engine，最近也可应对 GPU 了。用户使用 Google 开发的机器学习框架 TensorFlow 开发机器学习模型，在 Cloud ML Engine 上可以实施训练。由于是 Google 运行管理的受控服务，所以用户完全不用顾虑处理环境的展开与扩张。

用户中有人希望使用 CPU 或 Cloud TPU 进行机器学习，也有人愿意使用 TensorFlow 以外的机器学习框架。Google 因此也提供了各种选择，可以满足各种要求。

日本的丘比公司是在 Google Cloud Platform 上利用机器学习的一个用户企业。它利用 TensorFlow 开发了根据图像就能检测食品原材料质量的系统。

欧洲的 Airbus Defence and Space 是 Cloud ML Engine 的用户企业。该公

司利用 Cloud ML Engine，在本公司的卫星图像程序库服务 One Atlas 的基础上，采用 Google Cloud Platform，开发出了能够从卫星图像识别各种类型信息的功能。

问：在 API 之外还有提供训练完成的模型吗？例如，用户利用 Web 浏览器上传语音文件，就能够完成从语音生成文本的服务。如果 Google 能够提供，我现在就想使用。

答：这种服务目前还没有提供的计划，但我知道你有这样的要求了。

（中田敦）

AI 已经超越人脑的局限

受访者：茂木健一郎。

"人工智能奇点已经到来。"

2017 年 6 月 2 日，脑科学家茂木健一郎先生在由亚马逊网络服务日本主办的年度活动 AWS Summit Tokyo 2017 上做了演讲，演讲主题是关于 2045 年人工智能（AI）会超越人类智力的"技术奇点"，他表示 AI 已经部分超越了人类的智力水平。

茂木先生举例说明了人类认知能力的局限性。"以数据量来说，人类的意识（处理量）最多只能达到每秒 128bits 的程度。我现在在这里，就把所有意识都用于演讲，而作为听众的大家也都无法意识到其他问题了。"

另一方面，AI 能够进行机器学习，能够共享信息。"自动驾驶技术的厉害之处就在于它能够共享 1000 辆汽车单位的训练数据。因此它轻易就能超越只拥有 10 万 ~20 万公里驾驶经验的人类。人类即使想要获得在积

在 AWS Summit Tokyo 2017 上做演讲的脑科学家茂木健一郎先生

雪道路驾驶的经验也无法轻易获得，但 AI 能够办到。"

　　茂木先生强调说："不要去在意人脑容量的局限性，这样才能更加扩大系统开发的可能性。""听说美国亚马逊网站的智能音箱 Amazon Echo 内装有几千种 skill，但多是'呼叫出租''订饭'等功能，确实很方便。但它并未超越人类的局限。"在确保隐私的基础上，如果美国亚马逊网站能够对人脑无法处理的长时间、大量语音数据进行解析等，茂木先生期待其能够有更多的拓展。

（清嶋直树）

硅谷新兴企业谈 SaaS·AI·IoT
Draper Nexus B2B Summit in Tokyo 2017

2017 年 1 月 18 日举行了为促进开放式创新的 B2B 领域的活动 Draper Nexus B2B Summit in Tokyo 2017。来自硅谷的众多风险投资人和风险企业的高级管理人员聚集日本，围绕 SaaS（软件即服务）、AI（人工智能）/ 大数据、IoT（物联网）三个主题，关于最新的商务及技术动向作了报告。另外就企业发展的秘诀以及导入新技术时的课题也展开了讨论。

企业系统 /SaaS：供应商将发生巨变

美国 Box COO（首席运营官）Dan Levin、美国 Anaplan CMO（首席营销官）Grant Halloran、Demisto CEO（首席执行官）Slavik Markovich、LinkedIn 的 Head of International and Data Products 的 Giovanni Iachello 四位先生登台作了报告。Box 提供云端信息共享工具，Anaplan 提供面向企业的

企业系统与 SaaS 的会场

（摄影：寺尾丰）

从左向右为 NVCA 的 Ganesan 先生、Box 的 Levin 先生、Anaplan 的 Halloran 先生、Demisto 的 Markovich 先生、LinkedIn 的 Iachello 先生

方案制定工具，Demisto 提供应对突发事件的自动化平台，LinkedIn 提供联结国际专家及企业的社会服务。

全美风险投资协会（NVCA）会长 Venky Ganesan 先生在公开座谈讨论会开始之前，首先对今后的企业系统作了展望。他说："今后供应商将发生巨变。"例如，构成企业系统的硬件、数据库、管理系统等各个要素在 2000 年时有很强的供应商，但到了 2016 年各要素被细分化，在各个领域都出现了强大的新兴企业，所有要素都在由 API 联结起来。

接着他预测表示，AI 和机器学习的能力已经达到了能够辅助人类的水平，人类将能够进一步提升劳动生产率。

企业系统与 SaaS 的会场

（摄影：寺尾丰）

Ganesan 先生对台上嘉宾的提问中，有些是关于云端重要性的基本问题，但主要还是关于日本风投企业的问题。例如"想要建立国际企业该怎么做？""日本是否会出现独角兽企业（估值在 10 亿美元以上的非上市企业）？"等问题。

关于成长为国际企业的秘诀，Box 的 Levin 先生提出了两点，即"抓住各国的特点""录用合适的人才"。关于日本的特点，他认为日本有强大的 SIer，且 B2B 企业喜欢定制商品。

Anaplan 的 Halloran 先生给出的建议是："要不惧错误，勇于从失败中学习""集中精力投入产品适合的市场""聘用有热情有执行力的人才"。

Denisto 的 Markovich 先生首先提出"要考虑挺进海外市场的恰当时机"，因为经营者们的注意力容易分散。其次提出"问自己是否真的想做""详细了解市场""寻找合适的合作伙伴"等建议。

LinkedIn 的 Iachello 先生提出，进入海外市场时"找到能够继承创业者精神的人非常重要"。要在各个地区对要录用的人详细了解。

关于日本是否会出现独角兽企业这一问题，嘉宾们意见各有分歧。一些意见认为"了解年轻的优秀创业者，一定能够诞生独角兽企业"；也有意见认为要看投资者和企业挺进海外市场的情况；还有些悲观的意见认为"整个社会如果不能对年轻的有野心的企业有所支持，想要出现独角兽企业就很难"。

AI：相较于隐私，千禧世代更重视利益

AI/ 大数据领域的登台嘉宾有美国 Cylance VP 的 John McClurg 先生、美国 Nauto CEO Stefan Hech 先生和美国 Bonsai CEO Mark Hammond 先生。Cylance 提供服务器以及通过分析物理性要素可预测未来安全性的服务，Nauto 提供自动驾驶服务，Bonsai 提供面向开发者的 AI 应用环境。

生产减速材料的 DFJ Growth 的合作伙伴 Mark Bailey 先生在论坛开始前的演讲中提到，在 AI/ 大数据领域受到大众瞩目的背景下，形成了庞大的数据。他说，现存数据中有 90% 是过去两年间形成的。而在现在 1 分钟

从左向右为 DFJ Growth 的 Bailey 先生、Cylance 的 McClurg 先生、Nauto 的 Stefan Hech
先生、Bonsai 的 Mark Hammond 先生

（摄影：寺尾丰）

就产生 9.8 万个帖子、1100 万个即时通信信息。当然人类不可能去看所有
的信息并理解它们。AI/ 大数据领域的风投企业希望通过分析这些庞大的
数据，产出更大的价值。

Bailey 先生回答嘉宾关于最初应用 AI 的领域的问题。

从事 AI 自动驾驶技术开发的 Nauto 的 Hech 先生说是"以驾驶作为收
入来源的专职驾驶员"。从地区来说，他认为 AI 自动驾驶技术首先从美国
开始，逐步向其他国家扩展。

计划向安全领域应用的 Cylance 的 McClurg 先生说："如果从上游阻止
来自外部的入侵，就不必花费大量成本在下游了。希望 B2B 企业能够理解
这一点。"

计划面向开发者应用 AI 的 Bonsai 的 Hammond 先生认为，首先最好通
过特定的问题显示差异。他列举了利用模拟实验进行决策的工程学过程。

Bailey 先生的提问中还包含有关于 AI 的风险或伦理性问题等有关于新
技术的否定性反响或负面性问题。

Bailey 先生表示，有人对 AI 有担忧，这不仅限于日本。任何国家都会
有人拒绝接受新技术。但数学是基础，因此只要不恐惧，去理解其运转原
理就可以了。他主张应该冷静面对 AI 的发展。

Hammond 先生分析说，许多人是受到科幻电影中所描述的 AI 的影响。

而现实世界的 AI 是一个很聪明的工具。例如，即使企业的专家离开企业，通过 AI 也能够留下相同的 skill，扩展人类的能力。与之相比，更应该担忧的是 AI 的使用方法。

McCLurg 以安全专家的视角提出了伦理性课题。因收集大量的会受到"有做坏事倾向"数据资源的警告，而非"做了坏事"。但这容易与个人偏见相联系，因此该公司将数据匿名化处理。

在该会场，现场有趣的提问是关于 AI 在美国应用的问题。例如，美国是否在积极导入 AI。如果答案是消极的，那原因是什么等等。

Hammond 先生用 1995 年的 Web 对比现在 AI 的情况。当时许多人都想做 Web 主页，其中也有些人并不十分理解 Web 主页的使用目的。现在的 AI 多用于文件分析、检索与自然语言处理。

McClurg 先生提出了"情况丰富性"一词。由于个人数据使用与隐私保护之间的紧张关系，使得 McClurg 先生这样的专家在使用个人数据时变得十分慎重。但是据说在美国千禧世代中，与保护个人隐私相比，人们更重视情况丰富性。

Hech 先生举了关于汽车领域的例子。他举了不同州积极性程度不同的例子，像加利福尼亚州或佛罗里达州希望发展新兴产业，而另外也有些州完全不考虑自动驾驶。

IoT：导入 IoT 的课题之一是"人类工程学"

IoT 领域的登台嘉宾有美国 Enlighted CEO Jeo Costello 先生、美国 Sight Machine CEO John Sobel 先生、美国 Cyphy Works Head of Data Platform 的 Perry Stoll 先生、Psikick CEO Phil Carmack 先生。Enlighted 主要开发面向智能建筑 IoT 方案，Sight Machine 开发面向制造业的 IoT 方案，Cyphy Works 开发军用无人机，Psikick 开发节省电力的智能传感器以及分析系统。

作为 NEA 的 General Partner 的 Forest Baskett 先生对关于 IoT 领域的商务机遇，向业界进行了预测："美国通用电器公司的物联网产业的市场规

IoT 的会场

（摄影：寺尾丰）

模至 2020 年将达到 2250 亿美元""麦肯锡预测 IoT 的 70% 将是 B2B 相关商务"，并认为这是值得投资者期待的领域。他还对 IoT 相关创业公司进行了整理。虽说都是 IoT，但领域有很详细的划分，比如有提供面向 IoT 数据库的基础设施企业等等。

Baskett 先生提出了关于 IoT 云端的 AI 定位及应用方法的问题。

Costello 先生说，如果没有能够简单可利用的云端，就不可能有今天事业的发展。"云端是大脑，为我们保存和处理信息，是 IoT 系统不可或缺的部分。在还没有云端存在的 2000 年，IoT 是不可能发生的。"

Sobel 先生也表示同意 Costello 先生的看法，并介绍了 5 年前去汽车制造工厂时的所见所闻。"原以为对 IoT 或云端还有相当的距离，没想到已经被研究探讨。对于许多企业来说，IoT 已经不是要不要引进，而是何时引进的问题了。"

Carmack 先生陈述了自己的意见，认为从云端或 AI 来看，IoT 是不可或缺的。AI 已经为我们做了许多指引，"但脉络还不是十分清晰"，Carmack 先生说。他认为 AI 做出恰当判断以改善业务所需的数据将由 IoT 带来。"如果没有数据，真正的 AI 时代就不可能到来。"

从左向右为 NEA 的 General Partner 的 Forest Baskett 先生、Enlighted 的 Costello 先生、Sight Machine 的 Sobel 先生、Cyphy Works 的 Stoll 先生、Psikick 的 Carmack 先生

（摄影：寺尾丰）

在引进 IoT 方面，"人的问题"也成为大家讨论的话题。因为到了 IoT 时代，与此前和 IT 毫无关联的人进行对话也成为必要。"要花费时间去说服终端用户，这样就容易与他们发生矛盾。"Costello 先生说。

Sobel 先生也表示了相同的意见。"同事们说，技术工程很艰巨，人类工程也同样艰巨。要想使用好 IoT，能够聚集具有不同能力的人才非常重要。"

Baskett 先生还提出了关于安全性的问题，关于 IoT 系统的数据安全以及隐私保护等问题。

Stoll 先生说："答案很简单。实现顾客的需求。"但要作为商务来实现顾客的需求很难。Stoll 先生举了软件升级的例子来说明为了维护与顾客的持续关系而提供有价值服务的方法。

Carmack 先生也同意 Stoll 先生的意见。"即便是末端传感器节点，为了安全也需要一定的聪明度。"由于来自外部的威胁经常变化，因此需要连末端装置软件也可改变的框架。

对此 Baskett 先生说："设想一下，IoT 装置的数目非常庞大，真能够实现吗？"

Carmack 先生提出方案说，对大量装置的管理简略化的方法之一，就是准备多个管理层级，根据管理层级的不同，制定不同的安全水平与费用。

Carmack 先生继续说，在安全方面透明度非常重要。"虽然必须牺牲隐私权，但如果留下了'足迹'，以后是可以查清楚的。随着 IoT 装置数目增加，记录量也增加，安全水平也会提高。"

Sobel 先生通过介绍与航空防卫相关企业 CIO（首席信息官）的对话，对安全性相关话题做了个总结。该 CIO 对于引进 IoT 的安全性问题当然十分在意，但他说现在引入 IoT 是别无选择的。因此要以引入 IoT 为前提，再去考虑安全策略。

（菊池隆裕）

大型企业聚焦 AI 及大数据的应用
Draper Nexus B2B Summit in Tokyo 2017

　　2017 年 1 月 18 日，开放式创新领域的特别活动 Draper Nexus B2B Summit in Tokyo 2017 举行，在该领域积极展开活动的国内 4 家企业登台发言。登台者来自制造、金融、IT、房地产等各个不同领域，表明开放式创新在各个行业都在展开。

　　小松制作所 CTO（首席技术官）高村藤寿先生介绍了该公司创新战略的三个发展阶段。具体说，第一阶段是开发强有力的硬件，第二阶段是提供使顾客最大限度使用此硬件的服务，第三阶段是使顾客的使用现场整体可视化，提供综合的附加值。

　　该公司的开放式创新的契机来源于自卸卡车。为追求"运土"KPI（重要业绩评价指标），该公司引入发源于美国大学的风投企业的周边技术，不仅销售卡车，还承包了整个运行系统。

　　该公司把以上实例中的开放式创新体验作为"智能建设"进一步推广

国内大型企业讨论开放式创新的会场

（摄影：寺尾丰）

从左向右依次为担任主持的 Draper Nexus 的北村先生、小松制作所的高村先生、瑞穗银行金融集团的山田先生、富士通的德永女士、三井不动产的菅原先生

（摄影：寺尾丰）

至整个土木工程中。现在该公司正针对今后整个业界存在的建设技术人员不足等问题探索解决方案。

小松出人意料地在 3 年前设立了 CTO 一职。这之前该公司只有推进各项事业的技术开发责任人。但根据当今时代的趋势，为了进一步促进与外部的联系，他新设立了 CTO 一职。该公司的 CTO 室的特征是，由专职与兼职人员构成，旨在社内形成网络化。

瑞穗银行金融集团执行董事、常务全球产品组组长兼孵化 PT 担当董事山田大介先生的话题主要是 FinTech。他说："FinTech 就是产业革命，它并非威胁，而是可利用，可共同发展的事物。"

FinTech 的应用领域可寄望于降低固定费用的领域。在技术方面，主要关注区块链与 AI。现在显示出可适用于通过人海战术完成的业务方面的可能。这类业务未必形成企业间的竞争力，也可考虑与其他银行合作引进。

关于与刚刚起步的初创公司的合作活动，山田先生介绍了瑞穗集团推进的 M's Salon。该活动采纳可促进初创公司成长的会员制服务，积极投入开放式创新的大型企业作为后援企业，从多方面对初创公司提供各种支援。

山田先生说开始展开开放式创新活动以来，公司内发生了很大变化。银行文化一般是"不能失败"，而开放式创新推进小组却不惧失败，尝试转变为"从失败中学习"的积极态度。年轻职员中有人说"失败渐渐变得令人愉快了"，这让人感觉到公司气氛的变化。推进小组由从公司外聘请的工程师组成，可能这带来了新鲜的刺激。

富士通市场战略室的专务董事德永奈绪美介绍了该公司推进的与初创公司的合作创新活动。富士通希望借初创公司之力进一步发展自己公司的事业，而对于初创公司来说，富士通可提供自己所拥有的客户基础、云端环境、TechShop（工厂）、展会、基金等支持其发展。谈到提升公司服务的附加值问题时，德永介绍道："为公司云服务增添了安全功能。"

三井不动产风投共创事业部部长菅原晶先生对现在正在进行的开放式创新活动做了介绍，包括松柏叶大学校园城市等智能城市、日本桥生活科学的产学官合作活动推进团体"日本生活科学创新网络"（LINK–J）、大型企业与风投企业的创新事业项目"イントレ night"等。

菅原部长说："我深感商务模式创新的必要性，今后希望其成为提供软件的企业。"为此，他们正准备与初创公司等外部企业进行合作，展开开放式创新活动。

对于 2017 年关注的领域，除了从前一直关注的传感器、AR/VR，小松的高村先生还列举了 AI。他具体提出了"使机器更聪明、预测维护、监督现场"等应用方法。随着技术的进步，社会环境会发生巨大变化。在这样的环境中，制造业会发生怎样的变化？高村先生以此大视角，不仅对建筑器械领域，甚至对整个业界动向进行了展望。

瑞穗的山田先生提到了大数据。银行持有的大数据是钱进出的数据，但实际上并没有使其发挥作用。因此该如何使其形成商务，希望能够与初创公司进行讨论。

富士通的德永先生提到了 AI 与安全。AI 的应用范围很广，希望能够加强其在特定领域预测故障和与语言相关的应用。关于安全，他说，在云时代，系统安全性的需求更高。

三井不动产的菅原先生以智慧城市为主题。他说，传统的智慧城市主要研究能源的有效利用。今后希望大家将目光转向推进居民健康的健康护理、灵活性、安全性等方面。技术方面他提到了大数据、IoT、AI。

（菊池隆裕）

AI 会给数据分析科学家的工作带来怎样的变化？

"年度数据科学家" 4 位获奖者座谈会

日经信息战略杂志每年选出的"年度数据科学家"中的 4 位获奖者齐聚一堂，探讨 AI 时代对数据科学家的要求。4 位获奖者一致认为培育 AI 也是数据科学家的一项重要工作。

——AI 不仅在产业界，在全社会都引起大家的关注。那么，AI 的普及会给数据科学家的工作带来怎样的变化呢？首先，请应用 AI 的先锋镰田先生谈谈是怎样应用 AI 的。

镰田 从 2007 年开始的 10 年间，我在公司导航仪分析汽车行驶数据的部门工作。

2013 年，车载相机与车内导航仪联动，形成了一天可从全国大约 8000 多个地方上传 10 万张以上道路图像的系统，并开始实际运转。这样，跟在后边行驶的车辆在通过同一场所之前，可以事先获得道路拥堵状况的图像信息。

我们打算对这些图像实施深度学习来分析道路状况。

但是，车载相机所拍摄的图像包含很多"奇怪的东西"。拍入人脸就是典型性的例子：图像质量很差，也会影响个人信息的保护。

第 4 届获奖者镰田乔浩先生
先锋株式会社商品统括部信息服务平台中心
开发部开发 1 科
2006 年入职先锋；2007 年开始参与汽车探测器数据应用项目；此后一直负责通过解析数据改善性能以及车载信息服务的研发工作；2013 年开发了收集车载摄像图像的"smartloop eye"服务；目前正致力于开发能应用 1 亿张以上的图片的 AI 程序。

（摄影：村田和聪）

需要能够设计训练数据的人

从前对于这类的图像，公司的操作员都通过手工操作忽略掉。现在正在考虑能否通过深度学习来完成这项分辨工作。

操作员花 3 年时间收集的"不可用的图像集"有几万张，将这些图像制作为训练数据，对计算机实施训练，就制成了系统能够准确区分的架构。实际应用深度学习的实例，在公司还是首次。

实际开始做才明白：不是说有了训练数据，计算机就自然会变得越来越聪明。

操作员为判断为"不可用的图像"做了标识，这些图像就成为训练数据。但深度学习即使将图像分为 OK 和"不可用"两组，在"不可用"一组中还有各种各样的进一步分组。

于是发现如果将图像分为"昼""夜"等，这种程度的分类有利于提升深度学习的性能。不是仅仅为数据做标识就可以了，而是要为了提升性能，观察通过怎样的模拟试验可以使学习机更好地做出反应，不断进行调整以抓住特征。

这正是我这样的数据科学家必须做的事情。因为我们现在仍然以监督性学习为多数，所以我认为很需要能擅长制作训练数据的人才。

我也在研究能分辨高速公路拥堵状况的深度学习，重要的点是相同的。例如，数据科学家要预先考虑到去除服务区图像，再收集图像。区分需要处理图像的大致特征进行模拟实验，使其反映于 AI 训练上，这非常重要。

即便深度学习的新工具不断增加，与从前的机器学习一样，对于数据库的准备和模拟实验，仍然必须由人去做。

尽管有许多数据，但要制作 AI，就要求数据科学家有根据不同目的选择数据的能力。要制作怎样的 AI？需要准备怎样的数据库？这个过程是必须动脑思考的。

看漏的责任由谁来负？

河本 说到图像，大阪煤气也打算应用深度学习。由于似乎能迅速使用图像数据，所以准备与子公司奥吉斯总研一起，共同应用于检查煤气设备的外观。

从前一直是由人眼来检查煤气，同时也拍照留下了资料，所以大家考虑利用这些图片实施机器学习。

听说先锋已经将操作员的一些工作自动化，我非常羡慕。我感觉深度学习对图像具备超出想象的判别能力，与人类检查员几乎具备同等的准确判别力，比如，精确度达到98%。

但问题是，考虑到煤气设备的安全性，98% 精确度也不行。有些部分必须达到精确度100%。这类业务的机器学习应用尚存在缺陷，现在还在试行阶段，没有实际应用。

第1届获奖者河本薰先生
大阪煤气
信息通信部商务分析中心所长
1989 年毕业于京都大学工学部数工学科。1991 年京都大学研究生院工学研究科应用系统科学专业毕业。1991 年入职大阪煤气。1998 年在美国伯克利劳伦斯国家实验室从事数据分析。2005 年在大阪大学取得博士学位（工学）。2011 年就任商务分析中心所长（现职）。主要著作有《改变公司的分析的力量》（讲谈社）。

（摄影：村田和聪）

当然即使是人也有看漏的时候。因此如果是公平的对弈，对于只有神才知道的100分满分的检查结果，来看看人与 AI 哪个能够获胜，这最好了。但如果是工作，最后还存在责任问题。如果在看漏的情况下，是人的责任那么就由人来承担。但如果是深度学习，该由谁来承担责任呢？

即使只有 2% 的概率，那也可能导致致命的后果。同样是 2%，AI 造成的后果可能比人类的错误更严重。精确度达到98% 了，就马上由 AI 来替代现在的工作，那是不可能的，还是要使其能够更加安全地使用才行。

——日本航空情况怎样呢？

涉谷 图像数据方面，我公司并没有应用于提升业务效率，而是希望应用 AI 能够发现一些新的东西或以人力无法了解的事物。最开始着手的是聊天机器人（虚拟助手）。

2016 年 12 月我公司推出了叫作"マカナちゃん"的可以探讨带婴儿前往夏威夷旅行的聊天机器人，并投入了实际应用。顾客的反馈使它变得更加聪明了，我们才了解 AI 能够这样使用，"マカナちゃん"获得了成功，现在我们在讨论 AI 能否应用于其他用途。

发现人类没有发现的"变数"

所以和大家一样谈到图像的问题。我的部门负责使用网络的促销，网络宣传的世界，实际上是最终不制作出来就不清楚会是怎样的结果。要做怎样的图标和广告，制作怎样的网页，才能够吸引到客户？每次都与广告代理商一同反复试验，经历了很多次试错。

这时我想到了能否使用图标图像的累积数据。因为全部了解图标图像的数据库与这些图标的实际业绩，那么再次制作新的图标时，通过此前的这些数据累积，如果能够解析出哪些要素效果好，有希望吸引顾客，那就好了。

（摄影：村田和聪）

这大概是人类无法做到的，如果是字体大小、放入金额、使用图片等，人类某种程度上可以制作变数，但或许在人类完全没有注意到的地方，比如图标边缘的角变成圆形更好等等，这些部分如果 AI 能够理解并显示给人类，人类就能获得新的见解。虽然仍在研究阶段，但我感觉实现的可能性很大。

原田 有一个类似的话题。图片共享应用程序 "Instagram" 的深度学习的使用者不同，上传应用程序的图片也截然不同。有人喜欢绿色照片，有人只上传食物图片，有人上传的尽是风景照，也有尽是宠物照。机器学习这些数据信息后，能够打出合适广告，类似这样 "从现在做起今后可能发展为新业务的领域" 不胜枚举。

——如果 AI 变得那么聪明了，数据科学家的工作会发生变化吗？

河本 我们不是大学的研究者，而是公司职员。如果不能某种程度地预测到费用与效果的对应关系，则不可能坚持做下去。如果没有深度学习，只靠自己来分析图像数据，则实际上不可能盈利。这种工作就可以完全交给 AI 去做。在这个意义上我感觉能使用的工具在增加，能使用的材料和范围、速度都被拓宽了。

涉谷 感觉我们使用的工具又增加了一种。麻烦的工作使用 AI 可以多少减轻工作负担，但数据科学家的工作将被替代这样的危机感，我完全没有。

不如说，此前只有一种对策的情况，通过 AI 缩短了时间，能够有五六个对策，这样有许多想做的事情都能够实现了。

第 2 届获奖者涉谷直正先生
日本航空 Web 销售部 1to1
市场营销集团助理经理

2002 年入职日本航空。2009 年开始进入 Web 销售部工作，负责每月达到 2 亿浏览量的 JAL 主页的记录分析以及顾客信息分析，负责机票等推广措施的设计、企划、实施。其业绩有：根据顾客浏览兴趣推荐内容，从而提升销售量。

（摄影：村田和聪）

发现问题是人类的任务

河本先生从前曾说过数据科学家必须有三项能力：发现问题、解析问题、使其应用的能力。

像我这样在商务前线工作的数据科学家认为，第二项解析问题的能力已经很大程度地能够依靠 AI 来完成。我认为这部分工作就可以交给 AI 去做。

但是发现问题的能力和使其应用的能力，尤其是最开始发现问题的能力，即输入部分，却是非人类难以胜任的。给电脑输入什么，这绝对需要人来做商务上的判断，也绝对需要人类的感性。

镰田 最近在讨论与其他公司展开合作的某部门来征询我的意见："听说对方有这些重要的数据，而我们有这样的数据。以双方持有的这些数据，能够形成怎样的价值呢？希望听听您的意见。"

由于是关于支撑公司主要事业的数据该如何运用的战略性话题，现在的 AI 不可能给出答案。对于尚不能接触的数据，发表应该怎样做的见解，也只有人类能够办到了。

河本 关键是数据。现在通过 IoT 能够收集到许多数据，但这些数据含有杂音，不纯净。也有人输入的数据，其中当然也有很多错误。

如果要将这些数据组合起来使用，光整理数据就非常花时间。而且当开始分析时，又会发现奇怪的数据。分析现场，往往就是如此反复进行的过程。

即便这个工作过程被置换为 AI 完成，仍会留下人类不得不检查的空白领域。当人工检查发现问题时又要返回重新查看数据，找到出现这种结果的原因。如果最终不能搞清楚原因，这个结果就不能使用。

——这就涉及 AI 究竟可以相信到何种程度的话题了。

涉谷 我想问问大家，现在社会已经充斥着无人驾驶汽车的话题。就连飞机不知何时也会迎来无人驾驶的时代。

那么，"你想乘坐由 AI 做驾驶员的无人飞机吗？"可能现在大家都还觉得有些不能完全接受吧？

原田 对区块链也可以说相同的话。我认为将自己的钱完全托付给没有中央管理者的地方的时代不会到来。如果是小额还有可能，但最后还是要求由人来负责。

但另一方面，我非常期待丰田汽车等大型企业真正认真地去投入研究 AI。因为这是一块试金石，可以试出 AI 究竟能替代人类发挥多大的作用，哪些是 AI 不可替代的。我似乎感觉，如果汽车方面 AI 应用顺利进展，大家就都会投入应用。

（主持人 川又英纪）

第 3 届获奖者原田博植先生
Gruff 公司董事长（原 Recruit 招聘生活方式网络商务总部分析师）
在智库工作 8 年，在外资 IT 创投企业工作 1 年半后，2012 年 3 月入职 Recruit 集团；在 HR 公司（现在的 Recruit Career）从事转职信息网"リクナビ NEXT"的信息库改良以及推广对策等；2015 年 4 月开始在网络商务总部担任分析师。2016 年 10 月成立 Gruff 公司，担任董事长。2014 年 5 月创立并主持聚集信息科学家的社团法人"丸之内分析学"。

（摄影：村田和聪）

第 7 章

AI 热潮的谎言和真相

越来越多的 AI 欺诈：人工智能究竟能做什么？

现在，人工智能（AI）在日本形成了一股热潮。"AI 拥有跟人类相同的脑部结构，将超越人类"等言论甚嚣尘上。这种情况并不能马上出现。IT 企业不断阐述 AI 将带给人们多彩的世界和巨大的商机，但是"仅限于技术层面"，实际实施起来成功的概率基本为零，这是当前的现状。

在此笔者介绍一下企业应该如何避免受 AI 诈骗坑害，如何正确地使用 AI。

AI 能有效促进企业发展吗？

最新关于人工智能的讨论非常多，几乎每天都有 AI 又成功完成了某项以前人们认为只有人类才能完成的事情的消息传出。人们纷传当前距离 AI 创造新价值、给现有业务带来飞跃性提升的日子已经不远。受此影响，每年都有更多的日本企业的高层将 AI 放到非常重视的地位，指示一线部

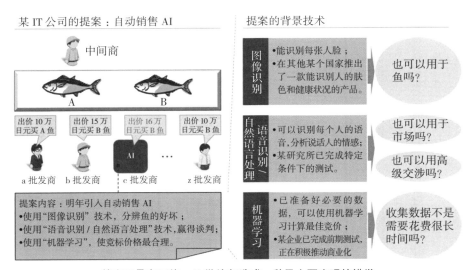

其实只是有可能，AI 欺诈却造成一种马上要实现的错觉

门"要用 AI"。

但是很多企业的高层、经营企划人员、业务部门的人员只是单纯认为 AI 就是将人类的工作变为自动化的一种功能。而信息技术部门又只沉迷于 AI 各要素技术上的优劣、精度、应用范围及可能性等。这种情况下，AI 真能促进企业发展吗？

AI 确实有可能改变整个时代，这点毋庸置疑。大家应该积极尝试运用 AI。即便当前这种（较低的）水平，运用 AI 依然能创造出更多的价值，带来更好的效果。如提升业务效率、为人们提供新型服务等。但是媒体夸大对 AI 的相关报道，AI 的"可能性""未来展望"等刺激性报道有失客观，可能误导人做出与 AI 相关的错误的经营决策。

"20××年，某某行业的大部分岗位将被 AI 替代。""AI 拥有跟人类大脑相同的结构，有一天将超越人类。"笔者并不否认这一天可能会到来。与其说否认，不如说笔者本身就相信这一天会到来，只是在笔者有生之年内这一天是否会到来这就说不准了。这可能会实现，但是目前尚只是一种可能性，当前日本的 AI 市场上，流行把这种可能性夸大成眼下马上就要发生似的。

有种说法叫"把存在的事物伪装成不存在的是政治家，把不存在的事物伪装成存在的是骗子"。实际上并不存在或不能得到的某个东西、某项技术、某种经验，你却给对方造成存在或能得到的错觉，对方付钱后也不支付对等价值的这种行为一般被称为"诈骗"。因为很难出具证据证明"（存在）欺骗的意思"这一构成要件，所以当前关于 AI 的各种传言谈不上构成刑法意义上的诈骗罪，但是它确实近似于"AI 诈骗"。

AI 可能再步 ERP 热潮后尘

21 世纪第一个 10 年的中期曾出现了一阵 ERP 热潮。人们标榜 ERP 能有效降低工作量，让企业管理升级。当时的情况与如今的 AI 热潮非常相似，很多人在尚未真正了解 ERP 时就贸然上马了 ERP 系统，最后遭遇失败，这类情况接连发生。

20 世纪 90 年代欧美企业为提升效率，实现整体最优开始用 ERP 系统，替代之前只能实现部分最优的旧系统。要引入 ERP 系统，需要进行相应的业务整合（使业务与 ERP 相适应），自上而下决策型企业在充分了解引进 ERP 系统的成本并判断效益将高于成本后纷纷开始采用 ERP。日本看到美国的成功案例，国内也开始兴起 ERP 热潮。

站在 2016 年的当下来看，在很多大企业中 ERP 已经是必不可少的系统，使用 ERP 的小企业数量也在增加。因为一方面 ERP 本身已经很成熟，另一方面人们对 ERP 的认识有所加深，意识到如果能正确认识 ERP 的效果和机制并对其善加利用的话，它其实个很有用的工具。但是依然有失败案例，特别是在 ERP 热潮前期，人们只看到了成功案例中的效果，并没有认识到引入 ERP 的前提，即需要使业务与之相适应，因此很多都失败了。

管理层下令引入 ERP，认为只要这样就能降低业务成本和 IT 的成本，提升经营的效率，实现升级。业务部门在不改变当前业务现状的条件下努力摸索 ERP 的使用方法。IT 部门根据要求对 ERP 系统做各种修改，以使其在"维持现状"的情况下也能使用。其结果是，预期的降低成本并未做到，也没实现整体最优。甚至有这样的玩笑，说引入 ERP 原本是为了将多个系统整合成一个，结果引入后系统的数量不减反增了。

有人说失败是成功之母，没有之前的失败就不会有眼下 ERP 的广泛普及。确实有很多企业是从失败中加深了对 ERP 的认识然后对其加以合理利用的。但是大部分失败，还是因为人们只看到了 ERP 听起来很好的效果而没能对它的前提和机制有充分的认识。人们没能正确认识何为 ERP，随大流或轻信 ERP 销售公司的吹嘘才犯下了这种"可以避免的错误"。

站在 ERP 的失败这一基础上看当今的 AI，AI 有同样的问题。作为 AI 应用的一个案例，笔者们来看一下自动接待机器人。当前在酒店、店铺、热线服务中出现了很多自动接待系统，各式各样的机器人代替人类承担起了接待工作。但是目前（截至 2017 年 1 月）尚没有能完全取代人类的机器人。就当前 AI 的应用现状来讲，人们要么是为追求效率而降低服务质量，要么是为了掩饰错误或低质量而用 AI 好看的外表、可爱的声音转移大家的注意力。总之 AI 身后需要有人随时待命，强行将其商业化的味道很浓。

有人说比起以前纯人力操作使用 AI 后工作量减少了，也有人说 AI 工作质量不行，反而增添了人的工作量。不断试错后一定会成功的一台呢，当然不是不能这么说，但是至少从当前现状来看 AI 还远未发展到媒体和 IT 公司宣扬的"已经实现"的程度。现在的 AI 应用让人忍不住怀疑它正步当初 ERP 的后尘，在犯"可以避免的错误"。

你会因为"技术上可行"就做肝脏移植吗？

近年来很多引人瞩目的科研成果问世，iPS 干细胞（诱导式多能性干细胞）便是其一。山中伸弥获得诺贝尔生理医学奖后 iPS 干细胞开始被更多人知道。利用该技术可以使用动物皮肤上的细胞制造肺、肝脏等器官。这是一项非常重要的医疗技术，可用于研制新药物，也能避免移植手术中的排异反应。

如今距离小白鼠实验成功后发表论文的 2006 年已有 10 年，距离山中伸弥获得诺贝尔奖也过去了 4 年。众多企业和高校纷纷投入巨资研究该技术的应用方法。但是在各种治疗方法的研究中，就算进展最快的当前也尚在临床阶段，人造器官的研究也刚刚从小白鼠实验阶段过渡到用人的细胞开展实验的阶段。

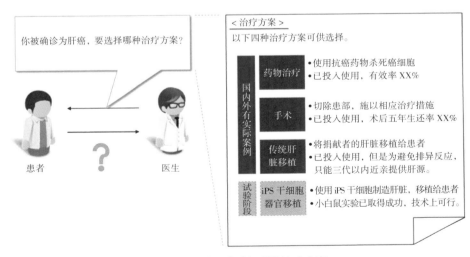

假设你身患肝癌，会选择哪种治疗方案？

那么，假设你现在患有肝病，金钱方面不是问题，如果医生跟你说用iPS干细胞制造的肝脏在当前技术上是可行的，你会因此接受院方器官移植的建议吗？如果除此之外别无他法（不接受iPS干细胞器官移植就会死），你一定会痛快地答应。但是如果有其他选择，比如药物治疗或部分摘除足以治愈疾病，你会怎样决定？你一定不会选择iPS干细胞器官移植。

　　"技术上可行"这句话很有迷惑力。一项技术，如果实验不能证明其具有可重复性和一般性，那它是没有科学依据的。但是，如果它在技术上是可行的，那么（证明其具有科学依据的）成功几率会很高。可是需要探寻这依据的应该仅限于制药公司或别无选择的患者：制药公司能预见自己投入巨资证明其科学性后能收获更高的利益；患者确实没有其他的治疗方案可以选择。

　　这不仅限于iPS干细胞，任何一项科技，如果你坚信它必将改变社会和商业，选择从长期展望其发展并持续付出努力，那对你而言在"技术上可行"上下注也不失为一种战略选择。国家战略、军事应用这些需要做出更长期展望的行为也是如此。但是，投入大量的金钱和时间去博极小的成功率，这并非适合所有民营企业，要这样做的应该仅限于极小的一部分企业。

　　大部分企业没必要去争当那"极小的一部分企业"的一员，而是应该努力保持自己当前在商业竞争中的优势地位，充分运用AI等新型科技提升效率，发展那些在一定期间（几年）内有望收获实实在在成绩的业务。

　　为取得上述成绩可以考虑使用AI。即便当前AI的发展程度尚不够先进，它依然可以很有用。但是，如果你错以为当前尚只是一种可能性的技术马上就能实现，或者执着于那些并不知道将其用于何处技术，那你将不能正确使用AI。

（BayCurrent 咨询　宫崎丈史）

最普及的 AI 是电饭锅！人工智能究竟是什么？

从概念上来讲，人工智能（AI）指"能够代替人类、根据情况自己灵活判断并执行的技术"，实际上从很早以前开始，笔者就在熟练使用 AI 了。

说得简单一点就是"交办功能"。把衣物放入洗衣机，按下按钮，洗衣机会自动完成从洗涤到烘干的一系列工作；放好米和水后，按下电饭锅开关，便能做出香喷喷的米饭。洗衣机和电饭锅其实正是"根据情况自己判断并执行"的功能。

手机里的日本象棋或麻将自动对阵软件也是 AI，甚至有人怀疑专业棋手在对决中就是用了这种软件。20 世纪 90 年代这类软件已经安装在各类游戏机上，功能强弱程度不尽相同，相信很多读者在学生时代或年轻时都玩过这类游戏。

可能很多人会觉得"这跟当下媒体宣传的 AI 不是一回事"，实际上它们是 AI。那么，AI 究竟是什么呢？

机器学习自动算出判断方法

之前的 AI 与现在的 AI 的不同之处在于是"人类设定模式，事先告诉机器怎么做"，还是"人类只制定评价标准，然后机器自行反复尝试，找到更符合评价标准的做法后自动更新之前的做法"。

笔者以医疗诊断 AI（具体而言，诊断感冒的 AI）为例来看。以前的 AI，需要人类按照"健康""感冒""需要详细检查"的分类设定好诊断结果，还要设定分析项（AI 根据那些项目进行分析），如体温、血压、是否咳嗽、咽喉是否红肿、皮肤的颜色等。AI 筛选出所有能根据分析项分类的模式，然后计算各模式的患者中每种诊断结果的患者所占的比例，数据增加后计算出的诊断结果会发生变化。

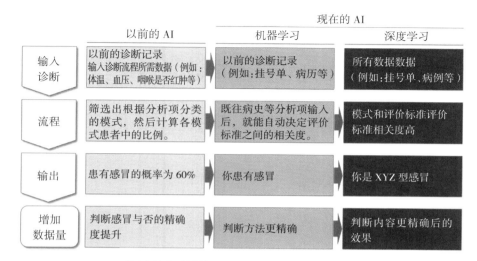

	以前的 AI	现在的 AI	
		机器学习	深度学习
输入诊断	以前的诊断记录输入诊断流程所需数据（例如：体温、血压、咽喉是否红肿等）	以前的诊断记录（例如：挂号单、病历等）	所有数据数据（例如:挂号单、病例等）
流程	筛选出根据分析项分类的模式，然后计算各模式患者中的比例。	既往病史等分析项输入后，就能自动决定评价标准之间的相关度。	模式和评价标准评价标准相关度高
输出	患有感冒的概率为60%	你患有感冒	你是 XYZ 型感冒
增加数据量	判断感冒与否的精确度提升	判断方法更精确	判断内容更精确后的效果

"过去诊断感冒的 AI" 与 "现在诊断感冒的 AI"

然而现在的 AI 只要求设定"健康""感冒""需要详细检查"等诊断结果，无须设定分析项。任意将年龄、性别、既往病史等分析项输入后 AI 就能判断对方是健康还是感冒抑或患有其他疾病，而且还能自己计算判断方法，探索将哪些分析项组合在一起能得到更准确的结果。因此数据增加后判断方法将发生变化。

这个"数据增加后判断方法将发生变化"被称为"机器学习"。谷歌的搜索引擎、IBM 的 Watson（认知计算）、微软的 Tay 均使用了该技术。最近发展迅速的汽车无人驾驶技术也是机器学习。

之前有报道称，Tay 因发表不当言论上线首天即被下线。一些网友与之聊天过程中发表具有种族歧视、性别歧视、阴谋论等不当言论，致使 Tay 被大量不当言论"带坏了"。

如果让 Tay 继续运行下去的话，它会在与正常网络用户交谈的过程中不断学习，自动纠正之前的不当言论，让自己的发言回归正常。但是比起训练 Tay，微软公司更重视训练期间 Tay 的不当言行给公司品牌带来的负面影响，因此决定将 Tay 下线了。

从这个例子中能够看出，在机器学习中最初设定好的"评价标准"和后续"运行时的信息"决定了一切，这二者都需要人来判断善恶是非。换言之，说白了 AI 其实就是在短时间内完成了人类需要长时间才能完成的试错活动。因此 AI 给出的结果有时可能让人意外，却不会凌驾于人类之上或超越人类想象。

比机器学习发展更快的深度学习备受瞩目。该技术"让机器读取大量数据，让它自己思考评价标准"。机器学习是提前决定好评价标准后让系统自动运行，而深度学习的基本逻辑是（系统）自己决定评价标准。这个"评价标准"被称为"特征量"。

以刚才诊断感冒的 AI 为例来说，人类无须设定诊断结果，只要任意输入一些信息即可。AI 分析数据后还能自己判断应该给出何种诊断结果。当然分类是随机的，可能是"健康""感冒"，或者"健康""需要详细检查"。没有经过分析谁也不知道结果是什么，知道结果后也不会明白为什么要这样分类。

从制定评价标准开始，AI 都是自己完成的。也就是说，人类基本不需要做什么决定。深度学习不同于机器学习，实际上它有可能凌驾于人类之上或超越人类想象。

如果在管理军事武器的计算机中装上深度学习系统，让机器自行计算评价标准（包括善恶的评价标准），进行最佳军备管理，那出现电影中的场景也并非完全没有可能。

虽说如此，到底只是有可能出现。深度学习引发这种情况的可能性基本为零，不，是一定为零。

原因之一，虽说 AI 自行决定评价标准，其实不过是基于数据找出其中统计上的关联，计算出关联所需的数据则由人类决定。正如之前介绍的 Tay 发表不当言论的例子，不管多么厉害的自动化技术最终都受数据左右，然而只有人类能决定（使用什么）数据。因此可能发生黑客攻击系统、改变数据这类网络恐怖事件，但是发起进攻的是人类而不可能是 AI。

原因之二，电影中人类的灾难始于计算机拥有知性，但现实世界中是否拥有知性并不构成问题。善恶观念因时代和国家不同而不同，没有绝对标准，因此国家不可能将判断善恶交给机器完成，也不可能将以判断概念为前提的职责以及使职责得以履行的网络交给深度学习（只能给出统计上的关联的 AI）。

实际上当前开展的研究或实验测试的领域都集中在人类进行判断的事物范围内，这并非人类真正应该讨论的。比如，通过动作或侧脸等碎片信息判断是何人，抑或是狗还是猫的图像处理技术，或者结合方言、语气、上下文正确解读说话者、文章意思的自然语言处理技术，这些都属于上述领域。图像识别技术和自然语言处理技术在某些方面确实超越了人类的判断能力。

但是，技术超越了人类又如何？"有什么价值吗？"这正是让技术人员头疼的问题。从当前现状来看，AI 应用尚未超出娱乐的范围。

（BayCurrent 咨询 宫崎丈史）

烧钱的"机器学习"和不能落地的"深度学习"

当前能代表人工智能的是机器学习和深度学习。毋庸置疑，二者都具有改变世界的巨大潜力，但是距离改变世界还很远很远。比如，只要机器学习、深度学习的基本技术没有飞跃性发展，人类不能找到比统计方法更优越的方法的话，人工智能想通过商业应用而改变世界的想法就是困难重重。

关于机器学习和深度学习在商业应用方面的问题，大致分为成本问题和效果问题。此处仅从成本问题角度加以阐释。

要保证"学习"的质和量，需耗费巨额数据费

无论机器学习还是深度学习，正如"人工智能"一词的含义"自动做某事的功能"，都是从大量数据中分析出与结果关联度高的模式和特征量（评价标准）。数据的数量（记录的数量）和数据的质量（属性项如何设置）决定一切。

EC网站（电商平台）会进行商品推荐，有人认为这属于人工智能。但是这项功能本身是以前的旧技术，背后进行判断、决定该功能的才是AI，其精确度取决于数据的质和量。

"数据的质和量"这种说法可能较难理解，其实它相当于人类的"经验"。比如每天都开车的人和每月只开一次车的人，又或者，虽然每天开车但车程只是从家到便利店这种极近的距离的人和总在高速路、单行道等复杂路况中开车的人，其驾驶技术会有明显的差距。数据质和量的差异可以形象地理解为这种差距。

其实AI对数据质和量的要求之高，远远超出统计学门外汉的想象。即便是技术或实用性的实验测试阶段，要求也是很高的。有些企业想引进AI，虽然其本身拥有大量数据，但数据的属性项不足、数据不完整（空栏太多）、形式不能用，这就会导致可用于机器学习的属性项不足；或者虽

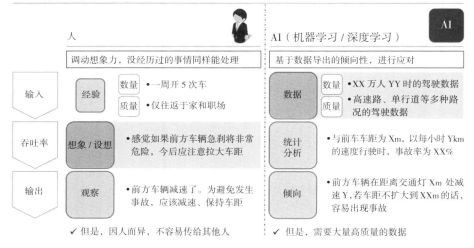

数据的数量和质量决定 AI 精确度

有足够的属性项数据量却不足。现有数据本身存在的这些问题可能导致无法开展 AI 测试。即便能测试，计算结果的精确度并不高，最终会导致引进 AI 的计划落空。

要解决这一问题有两种方法：一种是，对现有数据进行维护，使之能用于测试；另一种是，根据重新收集的数据，准备齐测试所需的必要条件。但是不管哪种方法都将耗费大量的时间和资金。

大家可能倾向于认为，难得已经拥有这么多数据，应该优先选择使用现有数据的方法。但这种想法只会花掉大把的钱。这么做后说到底只是将原本不能用的数据变得可用，并没有增加属性项（信息本身）。其结果很多时候需要重新收集必要的属性项。

想重新收集属性项，耗费巨资只是一方面，另一方面很多时候难以实现。想重新收集包含新属性项的数据，必须反复开展新的试行。如果这是公司内部业务，得要求相关工作人员输入新属性项。不光输入工作本身耗时耗力，收集相关信息也相当占用人力和时间，妨碍原来工作的正常开展。

内部业务怎么都还好说，如果是外部业务，涉及跟客户收集信息的话，将会更难。这会影响到客户感受，令客户感觉不方便、不安全、不可靠。因此，不管从品质方面还是法律方面抑或其他方面都会受到限制和制约，最终要么收集到的数据质和量不满足要求，要么不能进行测试，此类情况不胜枚举。

为避免此类问题去重新搭建服务环境收集数据的话，构建和运营新环境又将造成巨额成本。

以机器学习的代表自动驾驶为例。汽车制造商将自己传统的测试路线改造后用来测试自动驾驶汽车，但是收集到的数据无法得到质和量上的保证，因此应该收集在实际道路上行驶时的数据。

但是在实际道路上进行自动驾驶测试，一旦出错很可能造成交通事故，威胁人身安全，因此当前要得到相关许可非常困难。目前只有美国对此比较宽容，但其许可对象也仅限于自动驾驶汽车生产商。谷歌在自动驾驶方面处于领先地位，但是苦于无法收集数据，最后不得不放弃，转向其他方向。

深度学习要计算出特征量，比起机器学习需要更大的数据量。就连使用机器学习技术的自动驾驶尚且这么难办，深度学习收集数据的难度可想而知。

数据管理耗费巨资

虽说保管数据的成本已经降低，但仍然在企业的 IT 总成本中占据不小的比例。引进 AI 时需要储存学习所需要的数据，但储存日渐增多的数据和运行结果将耗费更多资金。特别是用到图片、图像视频资料时，耗资将更为巨大。

像谷歌、脸书这样的主业就是从事信息产业的企业，如果是使用已有数据，不会耗费太多保管费，就算要追加新的属性项，也不会需要太多费用。但是如果要从头开始收集数据，所有的数据保管费都将成为新成本，这是必须的。

而且，只存储了数据还远远不够。如果是从头收集数据，可以在收集前设定好属性项，按照属性项收集各项数据即可；但是若使用现有数据，因为这些数据并不是专门为 AI 而收集的，可能存在信息不全、数据形式不能用等问题，此时还需要对数据进行维护。

加入 AI 使用的是财务数据，因为法律法规对财务数据规定较细致，一般来讲不需要进行数据维护。但是实际上别说 AI，就算只是进行会计审查或企业业务改革，用到数据时，很多时候都需要进行数据维护。因为要检查某项数据是否正常，不仅需要看各项数字还要调查清楚具体是哪项业务的数字。

本来最好应该将"什么部门、为了什么活动、使用了多少钱、花销的名目是什么、产生了多大收益"等信息尽可能详细地记录清楚，但是产生费用或带来收益后往往需要按照用途、类别分别记录，将耗费大量工时。

请结合自己的公司想一下。每个企业具体的财务工作和业务内容不尽相同，尽管企业已经采用了 ERP 或其他财务软件，但是财务工作依然需要占用大量的人力和时间，这点恐怕是一致的。

相信很多人都注意到了，财务工作主要就是记录各种成本和收益。即便已耗费大量工时，进行财务审查或业务改革时依然需要维护数据或发掘新数据，不然原有数据根本无法使用。正因此，虽然大家都清楚，要防止问题发生就得对所有财务情况进行审查，但实际操作中不得以只能进行抽样审查。

相关规定如此细致的财务数据尚且如此，更别说 AI 的应用领域基本是些法律法规没对其作细致规定的业务或服务。显而易见，AI 在这些领域的应用将耗费更多资金。

仅初步完成数字化 / 电子化的模拟数据尚不能使用

要将信息用于 AI 或任何其他系统，并不是单纯把传统的纸质资料数字化就能万事大吉，还需要将模拟数据（文本等人类能读的数据形式）转化成电子数据（机器能读的数据形式），并且需要注意，此种转化耗资巨大。

可能有人认为："不，笔者的公司已基本实现电子化办公，电子化办公的企业在不断增加，正因此大家才积极考虑下一步引进 AI，不是吗？"其实并非如此，如果企业的电子化足够到位，可能就不需要 AI 了。

假设某项业务执行标准化流程，相关数据以电子数据的形式进行保存。当前的机器学习、深度学习等 AI 技术是一种"针对没有规则或规则不明确的东西，找出其中的模式或评价标准"的技术。如果已经实现了标准化和电子化，只需要按照标准化规则进行自动化操作即可，根本不需要 AI。

如果非要使用 AI，其价值实际上在于所谓标准化的业务流程本身效率低下。也就是说，可以将 AI 用于判断如何改进业务流程，即用于企业的业务流程再造（Business Process Re-engineering，BPR）。

可能有读者朋友认为："有些企业尽管其业务流程不是标准化的，但必要的数据也会以电子数据的形式保存起来。"但是笔者能肯定地说，至少民营企业不会这样做。花费巨资保管当前业务并不需要的数据，从正常的经营管理角度来讲这种做法并不可取。

最终，在未实现标准化业务流程的情况下实施自动化，此时才能体现出 AI 的价值。有效管理数据，使之无论从质还是量上都能为自动化所用，

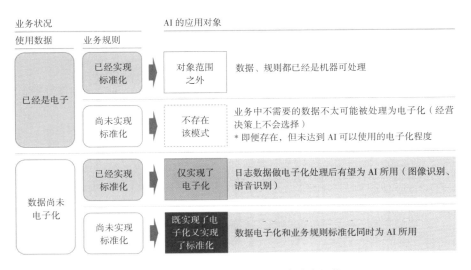

应该使用 AI 的业务领域，数据尚未电子化

这必然会耗费大量工时和金钱。

IoT 等是 AI 的出路吗？

行文至此，笔者谈了 AI 技术商业化的成本问题，观点略微悲观。其实，数据相关的成本虽说不能完全消除，实际上是有办法削减的。

办法之一就是使用 IoT。什么是 IoT？有机会笔者将另做阐述，现在暂且将其简单看作"使用各种传感器获取模拟数据并将其转化为电子数据"的一种方法。

另一种办法是使用 AI 本身。意思是指，使用自然语言处理技术和图像识别技术将"只有人类能读懂的文本和图片资料自动转化为电子数据"。通过这两种办法可以将人工输入数据的工作交给机器自动完成，这样一来有可能大幅降低成本支出。

虽说如此，也并不能将成本降低为零，而且这些办法本身也会产生成本。使用 IoT 的话，传感器硬件、数据的管理都将耗费资金；使用 AI 的话，不但搭建环境耗费资金，要保证所需数据足质足量也离不开必要的资金投入。

之前已经讲过，当前决定 AI 质量的是数据的质和量，而要保证足质足量的数据需要花费各种费用。如果将 AI 与 ERP 等系统等同视之，仅考虑搭建系统时的成本而不考虑后续运行所需费用的话，后期一定会出现预算不足的情况或 AI 系统不能充分发挥作用、沦为摆设的情况。

而且，如果考虑得再复杂一点，很多时候只靠 IT 部门并不能有效保证数据的质和量，一些相关事宜已经超出了 IT 部门的权限范围。因此，不能以为把 AI 系统推给 IT 部门就能万事大吉，此时更需要管理层和具体业务部门正确理解 AI，在充分认识其成本的前提下做出决策。

（BayCurrent 咨询　宫崎丈史）

如何使用深度学习？谷歌都还没想明白！

从 AI 的应用效果方面来看，也存在各种问题。最像回事的 AI 应用也不过是"这个不用 AI 也能做到"的水平。而且，就连最先进的 IT 企业也没说明白该如何使用 AI。在此种现状之下，为使对 AI 抱有热情的企业不至于将巨额投资打水漂，笔者介绍几点需要注意的事项。本文将从效果角度阐述 AI 商业化问题，希望读者能对"值得如此投入吗"加深理解。

当前被称为 AI 的技术中能用于商业或精确度足以满足商业化要求的有自然语言处理、图像识别、语音识别。自然语言处理和图像识别有望被应用于费用处理等特定业务。比如美国的"Amy"，只需发邮件时 CC 给它，系统就能自动记录行程表；日本国内也有相关应用，系统只需读取购物清单，就能分类结账。

语音识别需要配合自然语言处理技术一起使用。苹果公司的"Siri"、谷歌公司的"OK Google"上线已经多年，此类应用正在以年轻人为核心的用户中不断普及。美国的亚马逊公司推出了 Echo 智能音箱，使用此音箱不仅能在亚马逊网站语音购物，还能语音播放音乐或语音搜索信息。

这些比较成功的应用案例有个共同之处，即基本都不过是对信息的初次处理。也就是讲，除去输入方式换成了语音、图像等新式手段，系统功能别无创新，旧有技术也能做到。当然仅凭信息的初次处理效果已经非常突出，但是 AI 的主要效果绝不仅限于此。

AI 的价值在于"高效"和"高价值"

那么，AI 的效果到底指什么呢？大部分人会边回忆自己用过的 AI 相关应用边说："AI 能代替人自动完成任务，它带给人类更便捷的体验。"或者"帮人类做那些人类不能做的事情"。当然是这样，但是这些（高效、高价值）并非其全部效果，因为抛开 AI 人类照样能实现这些效果。

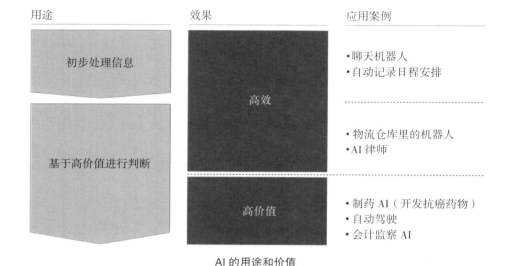

用途	效果	应用案例
初步处理信息	高效	•聊天机器人 •自动记录日程安排
基于高价值进行判断		•物流仓库里的机器人 •AI 律师
	高价值	•制药 AI（开发抗癌药物） •自动驾驶 •会计监察 AI

AI 的用途和价值

举个例子来看。假设你要在某电商网站上买书，但不确定具体要买哪本，你在看到网站推荐的书后对它产生兴趣，于是买了此书。该功能真的只有靠机器学习或深度学习才能实现吗？反过来讲，如果不使用 AI 也能实现此功能，是不是就没必要使用 AI 呢？

再举一例。假设你是一名计算机工程师，某企业请你帮他们搭建一个电话自动应答系统，要求该系统能筛选出客户电话中表述的需求，然后根据满足客户的程度和性价比自动进行判断、做出应答。针对企业的这些需求，你认为应该使用 AI 吗？或者说你认为不使用 AI 就无法实现企业所要求的效果吗？或者反过来讲，你认为没必要使用 AI 吗？

笔者的答案是"取决于 AI 所能实现的精确度和速度是否必要"。AI 的价值并不在于具体实现某种功能，而在于他能代替人类"判断"实现什么。这种判断的高精确性和高速化所带来的高效、高价值才是 AI 的价值所在。

推荐功能足以令顾客满意，或符合必要的规格和 SLA（Service Level Agreement）。不管是旧有技术还是 AI 技术，只要其成本更合理就应该予以采用。如果提升顾客满意度所需的精确度和高速度靠旧有技术不能实现，此时就应该考虑使用 AI。

有读者可能会想："精确度确实很重要，但是为什么如此重视速度呢？速度当然是越快越好，但是最重要的不应该是精确度吗？"但是笔者要非常肯定地说，速度和精确度都非常重要。请想一下自动驾驶，不管 AI 的精确度多高，如果不能及时做出判断，自动驾驶照样不能落地。是否能瞬间做出判断，换言之 AI 的速度是否能达到要求，这与精确度同等重要。

上边讲了 AI 的价值究竟在哪里（高效和高价值），接下来笔者想从高效和高价值两个角度谈一下要实现 AI 的这两种价值需要解决哪些问题。

"AI 律师"只能替代单一性工作

跟旧有系统相同，AI 是否高效只能通过成本削减程度来判断。可以从成本角度考虑是否使用 AI，因为当前 AI 要实现高效，还有很多"拦路虎"。之所以这么说是因为 AI 所替代的工作都是已知的，能比较容易地计算出所削减成本的金额或考虑自动化方法。

另一方面，就高价值来看，AI 代替已知工作并不能创造出高价值，只有让它做新型工作才可能带来高价值。这要求 AI 先要找出未知工作的价值，相关成本方面和效果方面都有很多问题。

问题一，需要 AI 做出判断的领域很少。当今世界，不论什么事情，其评价标准都是由人规定的，其中很多已经是明文规定。人类从反复出现的利益冲突和大量讨论中学习，制定了这些明文化规定，让 AI 再学一遍这些标准并不太可能创造出新价值。

比如，当前备受关注的"AI 律师"并不能制定新规则，它只能从邮件、文章等海量信息中找出可能成为证据的有用信息，或者从大量判例中找出与本案相关的有用判例。也就是说，"AI 律师"只能替代单一性的工作，带来高效。

因此可以说，只有将 AI 用在尚未明文规定评价标准的领域，才有望创造出高价值。但越没明文规定越需要高度的判断能力，高度的判断需要数据，现实情况却是此类数据很难取得。即便能确定 AI 的应用领域且技术上可以实现，受制于数据不足 AI 效果很可能并不理想。

判断行为要实现的效果	难题	
	成本方面	效果方面
高效	降低成本方面的效果 （满足学习质和量两方面 要求的数据）	**基本没有** 计算出引入 AI 提升效率后 取得和管理数据的成本
高价值		**存在四大难题** ①对 AI 有需求的领域有限 ②效果未知 ③生理上讲，交给 AI 不放心 ④连最先进的企业技术上都不成熟

实现高价值面临如山难题

在现实的 AI 市场中，此类问题已经凸显。正如前文讲过的，识别人脸和动物的图像识别技术、将人声转换成文字的声音识别技术、能理解文字意思的自然语言处理技术在信息的初次处理方面表现突出，很有用；从制定评价标准（非明文规定）的层面讲也可圈可点。但是，当前发展程度能达到这么高的只有这三项技术，其他都尚处于摸索阶段，不具有商业化价值。

也就是讲，在所有非明文规定的评价标准中，当前 AI 只能制定判断图像、声音等单一元素时的标准。如果是包含多种要素的复杂判断，AI 尚不能制定其评价标准。在这方面，目前还处于方法研究和技术讨论的层面。

"统计上没问题"，但人们并不因此就感到放心

问题二，不试着做就不能知道是否有效。机器学习是人类事先制定评价标准，然后机器自行反复尝试，找到更符合评价标准的做法后自动更新之前的做法；深度学习是机器大量读取数据后，自己思考评价标准。两种技术都能代替人类进行判断，但是都不能说明白其中的因果关系，即不能

解释"为何如此"。他们能做的只是找出"（不知为何）做 A 将导致 B"这类相关关系。

因此，从使用方法来讲，只能"虽不清楚哪个好，总之只要有看似有关系的数据就先试着输入进去"。以此种形式反复尝试，直到得出理想结果，其间将不断增加数据的数量或强化数据质量（增加数据的属性项）。

如果只将 AI 用于那些看似有关系的数据或容易设想因果关系的业务中，尚且好办。比如工厂的机器出现故障，此时用 AI 能排查出机器的使用情况、各零部件的材质和形状等；图书推荐功能也是如此，若能确定消费者确实有购书意愿，系统自动推荐也并非难事。但是此类信息限定在固定范围、较容易推断因果关系的业务往往人类会自己做，不太可能使用 AI。

在难以限定信息范围、因果关系不好推测的业务中使用 AI 才更有价值，但这意味着只能增加尝试次数，不试着做便不能知道是否有效。

问题三，这不是 AI 自身的问题，而是其使用者——人的问题。"（人）生理上不能接受委托 AI 做出决定。"当某事物的因果关系或机制不甚明了时，人们很难将其委托给别人做出判断，那样会非常恐怖会使人感到不安。特别当该判断能左右企业存亡时，人们往往非常犹豫，不放心将自己的生死交给 AI 或搭载了 AI 的机器。不知道为什么，虽说"统计上来讲没有问题"，但人们并不会因此就放心。

其实世界上是存在这样的事物的，人类并不清楚其机制，却把自己的生死交给它们，它们是飞机和全身麻醉。当飞机的速度足够快时会产生升力，飞机能飞起来。但是为什么会产生升力？当前物理力学并不能解释清楚。只是人类无数次地发现"气压差达到一定程度后就会产生升力"这种现象。全身麻醉的机制人类也尚未研究明白，人们只是无数次地证明了一种现象确实如此，即将某种药物投放到人体，人会"失去意识和疼痛感，停止药物投放后又恢复知觉"。

看到这里也许有读者会想："什么？原来飞机和全身麻醉的机制目前尚属不明！那笔者照样也能相信 AI 的分析结果吧。"相信不会有人这么轻易接受 AI。虽然当前已有很多测试结果和应用成果问世，就算"统计上很正确、没问题"，只要官方一日未给予正式认可，人们心理上的"坎儿"一日不能跨过去。

IT 企业也不能明确指出 AI 的用途和价值

最后一问题并非与效果直接相关。要取得效果离不开相应的方法，方法方面存在问题。具体来讲就是"即便是行业领先的 IT 企业，其技术也尚未成熟"。想有效地使用 AI，与谷歌、IBM 等在机器学习、深度学习领域领先的大型 IT 企业合作不失为上上之选。但在现阶段，这些处于行业领先地位的企业仅停留在提供平台的层次，并不能明确指出如何进行 AI 应用、AI 的真实价值何在。当前与这些 IT 企业合作，说到底不过是试点罢了。

谷歌将"DeepMind"、OpenAI 将"Universe"设定为开源平台的背后正是基于上述背景。不可否认，他们这样做当然有其抢占 AI 平台市场的考虑，但是另一方面也是因为他们并不清楚 AI 的用途和价值，希望通过开源的平台不断探索新的可能性。IBM 也是如此，面对引入了"Watson"的企业，IBM 给自己的定位是"合作伙伴"，它并未讲明自己给客户带来哪些明确的价值，而是与客户共同开发，双方一起决定"Watson"系统的价值。

自动驾驶技术已经催生了一个庞大的市场，截至目前日本国内相关投资几十兆日元，世界范围内的投资额则高达几百兆日元。AI 在自动驾驶领域的价值非常明确，引得众多汽车厂商和 IT 企业涉足该领域，技术竞争十分激烈。但是，这种红火的情况在其他领域却鲜少看到。或者能预见其未来市场足以与自动驾驶比肩，或者能明确定义其价值，或者二者兼备，不然很有可能出现投资与后期效果不对称的情况。

上文讲述了 AI 在商业应用方面的问题，不知读者朋友是否已经认识到，要引入 AI 并非一件简单的事情，不像外界宣扬的那般前景一片光明。目前已经能看到一些机器学习的效果，但要实际落地（作为正式产品投放市场）尚需完善相关的法律、法规，此外品质必须达到商业化水平，能够令客户满足。企业利用或商务应用时还需充分考虑投入成本与产出效果是否对称。至于深度学习，则应该从"如何定义'效果'"开始考虑。

想把握市场动态，学习技术非常重要。掌握最新信息，了解 AI 的最新用途和大幅降低成本的方法能有效提升引入 AI 的成功率。但是，若想眼下就将 AI 用于自己的业务则需要慎重考虑其使用方法，并充分意识到自己的高额投入换来的很有可能只是"追赶了一把潮流"。

（BayCurrent 咨询　宫崎丈史）

AI 与 IoT 分离，IT 企业借此双重收费

本节介绍一下 IoT，也许读者会问："IoT 跟 AI 是两回事儿，为什么介绍 AI 的文章里要说 IoT？"

确实，不管从技术上还是概念上二者都不相同。IoT 又叫"物联网"，正如其字面意思，从概念来讲它是一种将各种机器连接到网络的技术。虽然看起来 IoT 与 AI 没什么关系，其实二者紧密相关。甚至可以说，AI 离开 IoT 将不能实现，IoT 离开 AI 就不会有效果，这么说绝非危言耸听。

现在日本 IT 企业的普遍做法是将 AI 和 IoT 作为两种产品分别销售，结果造成二者是同一个作用（提升工厂的生产性）。此外还屡屡造成混乱，比如明明是同一家企业，制造部门要引入 IoT，经营企划部门却要引入 AI，这类情况并非个例。

因为不论是 IT 企业还是用户企业，大家都是从 AI 或 IoT 等技术角度出发，思考如何更好地使用该技术的，他们忘记了自己应该考虑的是："怎

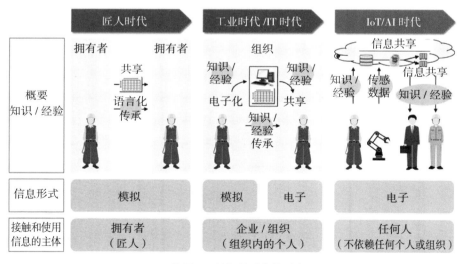

AI 使用 IoT 数据的时代将到来

样有效提升工厂的生产性，最佳方法是什么？"因此才会出现将 AI 和 IoT 分开重复讨论的情况，甚至于"同类相食"（相互消解对方的效果）。

但 IT 企业并不在意。卖给用户 AI 和 IoT 的一般是不同的 IT 企业，他们往往不知道自己的客户已经在之前引进了作用相似的系统。再说，IT 企业只关心与引进自己产品相关的信息，并没意愿多了解用户的其他情况。

最恶性的做法是 IT 企业虽然知道 AI 和 IoT 的作用相同，却依然同时将 AI 和 IoT 出售给同一个客户，双重收费。

将 AI 和 IoT 分开不合理

也不能全怪在 IT 企业头上。因为它们只负责按照客户要求构建系统或者帮客户安装系统，实现其想要的效果。它们没义务帮客户考虑是否其他系统也能实现此效果，或者有没有其他更好的方法。这不在人家的职责范围内。

因此用户企业有必要自己充分了解 AI 和 IoT，考虑如何更好地搭配二者以发挥最好效果。笔者再强调一下，大家在商讨引进 AI 时，不能缺少对 IoT 的了解。

那么，IoT 究竟是什么？粗略来讲 IoT 是这样一种机制，它"给所有东西安装上传感器，将信息转换成电子数据并储存这些数据"。关于其效果，"通过储存电子数据，人们可以实现自动化，或者能进行远程操控，这将带来高效和高价值"，这么说完全不为过。笔者并不是在为 IoT 唱赞歌，说使用 IoT 后一定能实现哪些效果。

虽然电子化能实现很多东西，但说到底 IoT 的目的只是将信息转换成电子化形式并存储。如何利用存储的信息，在 IoT 的范畴内则处于次要地位。

读到这里相信不少读者会注意到，有一种技术可以有效使用 IoT 存储的数据。对，它就是 AI。

商讨引入 AI 时应该充分考虑到如何取得数据。若之前已经引入 IoT，用户最终还是会引入 AI，因为靠 IoT 只能进行远程操控等，如此有限的效果与投入的高额成本并不对称。

核电站等地方人类不宜接近，因此"可远程操控"对于这些地方意义重大，若非如此，仅实现这种程度的效果，并不足以与高额投资相对称。引入 IoT 后将产生大量电子数据，如何有效利用这些数据自然就成了一个重要问题。使用这些数据能判断什么？应该如何进行判断？这些问题成为人们思考的重点。而且，伴随着数据量不断增加，引入 AI 将成为一项必然选择。

那么日本为何会将 AI 和 IoT 分开呢？这么说可能有些过分，笔者认为："因为 IT 企业追求自身利益最大化，他们充分利用了自 ERP 以来的历史传统。"

曾盛极一时的"BI 诈骗"的始末

20 世纪 90 年代，ERP 让企业实现了对业务的集中管理，公司得以根据经营视角（人、财、物）实现业务可视化，相关业务数据也被储存下来。当初储存数据，一方面是为了保障业务顺畅开展，另一方面是考虑到这些数据对于改进公司业务本身可能也会有所助益。DWH（Data Warehouse）就是这样一个概念。

人们在使用了 ERP 一段时间后，如何有效利用已储存数据的问题凸显出来。IT 企业也在积极探寻继 ERP 之后的其他挣钱产品，自然将视线投到了已储存数据的用途上，挖掘已储存数据的价值一时备受瞩目，在 21 世纪头一个 10 年的中期掀起了一股 BI（Business Intelligence）热潮。当然，当时也出现了类似于当今"AI 诈骗"的"BI 诈骗"。

但是 BI 热潮并未如 IT 企业所希望的那样大面积普及。虽然人们借助 BI 工具能够从不同轴线或视角对数据加以分析和统计，但是用户企业里缺少掌握了必要分析技能的人员或部门。因此，将各种信息整理成表格形式的工具虽然得以普及，但其带来的效果仅限于减少了一些制作报告或说明资料的工时。

也许有人会想：好不容易储存了数据、引进了 BI 工具，如果症结在于缺少分析人员和部门，那么新成立个这样的部门不就把问题解决了吗？

其实，确实有不少 IT 企业曾建议用户成立相关部门，但是用户基本没这么做。真这样做了的企业，因为看不到该部门存在的价值，部门很快就被其他部门合并或解散了。

基本上，如果业务和经营决策不用变化的话，没必要使用 BI。BI 热潮发生在 21 世纪头一个 10 年的中期，当时日本国内的经济发展状况较好，企业经营管理层在改变业务和经营决策方面并不积极。因此，除去部分处于创业、成长期的企业和领导者具有强大领导力的企业外，BI 在大多数企业中并未被充分利用。

21 世纪头一个 10 年的后期，企业纷纷接受了自己不能有效使用 BI 工具的事实，将分析技能作为服务销售的 IT 企业出现，开启了所谓"大数据"时代。不同于 BI 时代，IT 企业卖给用户的是数据使用方法、分析技能等。大数据热潮现在仍在继续，以前根本没听说过的职业"数据科学家（Data Scientist）"当前非常热门。

虽然 BI 失败了，但是大数据取得了一定成绩，因此 IT 企业在开发服务方面的竞争进入到了新阶段。IT 企业的发展重点主要分为两大潮流：一个是取得更多数据，一个是进一步提升分析技能，而这两方面正好可以用 IoT 和 AI 涵盖。因此，人们将 AI 和 IoT 分成了独立的两块业务。

IoT 与 CPS 和工业 4.0 的区别

提到与 IoT 相似的词，笔者能联想到"CPS"和"工业 4.0"两个热词。最近在日本，这两个词正在逐渐被 IoT 吸纳，虽说如此，CPS 和工业 4.0 依然顽强地存在着。它们的定义模糊不清，应该如何区分呢？

笔者认为三者其实是一个东西 / 概念，都是"给物品安装传感器，将信息转换成电子数据"，它们的区别仅限于提出的国家不同。IoT 是美国提出的，CPS 是日本提出的，工业 4.0 是德国提出的。美、日、德各自为了自身利益，积极推动自己所提出的概念走向普及。接下来笔者将按照提出三个概念的时间先后顺序分别对其进行说明。

德国政府着眼于本国主要产业即制造业的发展，结合本国产业情况提

	推动国家/主体	概要	当初的目的
IoT	美国	• 给各种"东西"添加通信功能，实现自动识别、自动控制、远程控制，掌握数据	通过技术创新创造商务、开拓新市场
CPS	日本（JEITA）	• 通过传感器收集现实世界中的数据后，使用数据处理技术（服务器）分析数据，创造新数据/价值	（特别是制造业）业务升级、提升业务效率
工业4.0	德国（SAP）	• 使用 IoT 和 CPS 技术提升效率，高度定制 • AR 技术支持生产作业 • 使用大数据和云技术进行品质管理，改善工程	制造业价值链最优化

IoT、CPS、工业 4.0 的区别仅限于推动主体和目的不同

出了"工业 4.0"的概念 / 趋势。汽车制造商大众、戴姆勒、BMW，汽车零部件厂商博士，电子器材厂商西门子等德国制造业企业大力追随。工业 4.0 并不只是将日志信息转换成电子数据，以此提高效率。它标榜要在不增加成本的前提下实现定制生产。

CPS 是将现实世界中的日志信息转化为电子数据加以管理和利用的概念。最初人们是将 CPS 作为实现工业 4.0 的一个要素提出的，日本人将其从工业 4.0 中单独提出来，电子信息技术产业协会（JEITA）和制造业经常使用这个词。日本人用不惯德国人提出的"定制生产"这一概念，因此自己提出了一个"改善"的概念，标榜 CPS 将使用电子化数据改善现有业务。

前文已经介绍过 IoT 的概念。此概念由美国提出，它不同于以工业 4.0 为基准的 CPS。IoT 标榜：具有创业精神的企业将通过传感器、通信技术等创造出新市场。

说到底三个词都不过是通过传感器将生产现场的日志信息转换成电子数据，并对数据加以管理和利用而已。因为各国都想推动自己的概念普及，才造成了不必要的概念混乱。

（BayCurrent 咨询　宫崎丈史）

"自动驾驶技术将很快走向实用"纯粹是错觉

接下来笔者从成本和效果两方面看一下 AI 相关技术或服务的现实性。目前在所有 AI 技术中心，自动驾驶技术发展最快。市面上已经有驾驶辅助系统，世界各汽车生产厂商正铆足了劲儿开展研发。汽车产业是日本的支柱产业，自动驾驶技术关系国民经济大局，为此日本经济产业省将原来 2030 年实现自动驾驶第四级（完全自动化）的目标，提前为 2020 年在部分地区实现第四级，并积极解决自动驾驶相关的社会问题。

形势如此大好，不由令人感觉再过不久就能在普通道路上见到自动驾驶汽车。但是，自动驾驶哪能这么容易实现呢？

AI 研发加速，完全自动化驾驶到来

很早之前就有 AI。同样，自动驾驶技术的历史也比较长。让汽车在高速路上保持固定速度的自动巡航功能等自动驾驶技术早在 20 世纪 90 年代就已经出现，当时是一种驾驶辅助系统。当前的自动刹车等驾驶辅助功能其实也是基于某种规则的自动化，很难说使用了 AI 技术。

所以，运用 AI 的自动驾驶应该使用机器学习，让汽车完全自动行驶，根据日本或美国的等级分类，应达到三级或四级。其实此类自动驾驶技术的研发工作早在 AI 热潮前就已经开始了。

运用 AI 的自动驾驶技术的研发可以追溯到 21 世纪头一个 10 年的中后期，谷歌公司基于其当时 CEO 劳伦斯·爱德华·佩奇的想法启动了自动驾驶汽车研发项目，此举后来广为人知。

自动驾驶技术要走向实际应用，道路非常漫长。进入 21 世纪 20 年代，ROS（Robot Operating System）流行起来，机器人软件技术广为人知。在 ROS 热潮、机器人热潮的背后，谷歌及汽车厂商一直在默默地进行自动驾驶汽车的研发。

AI 能实现的 给产业带来的影响 自动驾驶的价值

高价值

完成此前由人类完成的工作

- 通过提升产品或服务价值，增加营业额
- 通过彻底变革业务流程，削减成本
- 通过提升速度，开创新业务

✓ 减少事故（不会因为分神、酒驾等造成人为事故）

✓ 提升交通便利程度（适合老龄化程度、人口稀疏的地区）

高效

完成此前人类无法完成的工作
（与人类完成的一样或者更好）

- 实现自动化，削减人工费用

✓ 削减人工费（不只驾驶时间，还包括人类休息的时间、前后等待的时间）

完全自动驾驶的价值

2015 年 10 月丰田开展了自动汽车测试，自此丰田将研发自动驾驶汽车的事公之于众，还收购相关技术公司或与其合作。2016 年 1 月更是为研究 AI 在硅谷成立了丰田研究所（TRI，Toyota Research Institute），计划五年内投资 10 亿美元。

其他企业也在加速自动驾驶汽车的研发。谷歌实际上已经放弃单独开发的打算。本田与谷歌合作，正在共同开发完全自动汽车。日产总裁卡洛斯·格恩在 2017 年 1 月透露，日产正在开展完全自动驾驶汽车的实验。海外汽车企业戴姆勒、福特、BMW 等也纷纷表示正在研发自动驾驶汽车。

正如介绍的这样，自动驾驶技术耗时耗资发展至此，已经积累了庞大的实验数据。而且，投资额每年持续增长，积累的数据越来越多。

美国已经允许在公路上开展自动驾驶测试。装载了 5 万瓶啤酒的自动驾驶货车成功以时速 120 英里（约 190km）的速度行驶的新闻还记忆犹新。日本也在 2016 年 11 月进行了首例公路测试，虽然测试时公路上施行了道路管制。进入 2017 年，人们积极提出国家战略特区的尝试，希望借此推动自动驾驶汽车早日开上公路。

仅从技术角度来讲，自动驾驶汽车的平均事故率已经低于人类驾驶，可以认为经济产业省的目标已经实现。

完全自动驾驶型汽车相当具有价值。开车一定离不开人，就算汽车能自己行驶也还是需要考虑到休息时间等，因此人员费用开支将是个不小的数目。汽车运输不同于铁路运输，非常机动灵活，占据陆路运输市场中的大块份额。因此，仅从高效这方便来看自动驾驶技术就很值得期待。

从高价值方面看依然意义重大。自动驾驶技术能减少因分心、酒驾等人为因素造成的交通事故。此外，日本人口老龄化、人口稀疏化严重，很多地方的公共交通因乘客数量太少无法维持，只能停止在这些地区运营，造成当地居民出行不便，成为社会问题。又或者，老年人开车酿成交通事故，这也成了一项社会问题。自动驾驶技术能有效解决这些问题。

不健全法律法规，AI 将无法学习

AI 研发不断进步，人们对其在经济社会方面的效果充满期待，因此完全自动驾驶成了当前具有代表性的 AI 技术。人们的热烈期待促使汽车生产商和 IT 企业争相公布自己的研发计划，世人错以为自动驾驶技术朝夕间即将走向商业化。但是笔者认为，不论在日本还是世界其他任何地方，该技术距离实际运用和商业化还很远。

之所以这样讲是因为解决了技术问题并非就扫除了商业化的所有障碍，不管自动驾驶汽车的事故率降到多低，依然存在发生事故的可能性。自动驾驶汽车在紧急情况下该如何处理？相关的伦理、法律问题怎么解决？如此看来，自动驾驶要发展离不开相关法律制度的健全。

说到底机器学习只是让计算机学习以前的旧有数据，其机制是让机器学习过去已发生的事情。AI 无法处理迄今从未出现过的情况，因此需要让它学习在这些紧急状态下如何依据法律法规正确处理问题。

但是不得不说，试验阶段很难保证紧急情况样本的数量足够充分，因为相关部门不可能允许在公路上进行紧急情况测试，但是在实验基地测试

的话，不但要搭建测试环境，为保证精度还要反复运算，这些都将耗费巨资。

　　作为比较现实的方法，人们最有可能预先定义好并写好程序，但这依然存在问题。定义时需要设定好 AI 在紧急情况下选用行动方案的优先顺序，如果卷入事故中的人能用数值来衡量，问题姑且能解决，但人往往不能用数值进行衡量。

　　为说明人不能用数值衡量，一起看个例子。比如你和家人坐在自动驾驶的汽车里，路右边是放学后的孩子，左边是赏花的老人，而此时前边行驶着的大货车突然刹车，你们眼看就要撞上去。撞上去后你和家人很可能就此丧命，不撞上去的话又刹不住车，不是威胁右侧孩子们的安全就是威胁左侧老人们的安全，此时自动驾驶汽车面临如此紧急的情况要怎样处理呢？

　　此时有几种选项，比如"应该选择转向人少的一方""孩子还有大好的未来，应该转向左侧""应该直接撞上去"等。不管自动驾驶汽车选择哪种做法，笔者都不能一概而论地说它做对了或做错了，相信读者的意见也会有分歧。

需要 AI 做出判断的情形

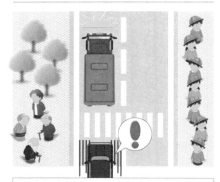

自动驾驶的汽车以每小时 55 千米的速度行驶，前方的货车突然急刹车（已来不及刹车，刹车也会撞上）

可供选择的选项

① 左转
　 •左侧是正在赏花的老人
② 右转
　 •右侧是孩子放学后的队伍
③ 不拐弯（撞上去）
　 •车后排坐着自己的家人

➡ 如何选择？
　（需要提前设定好评价标准）

评价标准的例子：
•受害人数最少
•优先照顾年轻人
•不牵累他人等

紧急情况下应该让 AI 做何选择

怎么选择正确，不同国家的法院都是具体案例具体讨论的，并未达成社会共识。没有达成社会共识就意味着无法对人进行数值化衡量，而只要不能用数值衡量就不能由人预先设定程序。

当然，不同选项的优先顺序构成了机器学习的评价标准。如果没有评价标准，就算 AI 计算多少遍也得不出结果。换句话讲，用数值衡量人是一个绕不过去的弯儿。

进行机器学习时问题更多。各国文化、道德、伦理观念各不相同，虽然交通法大致框架一致，但涉及上述紧急情况下如何判断行为的妥当性时则各国各不相同。有些药在美国的药店里就能买到，但在日本却属于禁药范围。人工智能也可能出现类似情况。

涉及伦理问题，要在世界范围内统一标准，不是国家各自修改一下法律就能解决的。需要国家间进行协调，而这难度相当大。如果做不到，就意味着各国只能各自训练 AI。但是各国要保证训练量，相关成本将非常大。

伦理、法律方面的问题根深蒂固。发生事故后，如果让乘客和汽车所有者承担责任貌似不合情理，因为他们并未参与驾驶行为。但是如果适用PL 法（制造物责任法），让制造商承担责任，汽车制造商又会背负巨大的事故赔偿风险，很可能自己就"打退堂鼓"了。如果通过损害保险解决此问题，又面临着谁付保险费的问题。比如适用机动车损害赔偿责任险（自赔责）时，将明显加重汽车所有者的负担。

汽车生产商和行政管理部门自然会认真思量、把握这些问题。正因此，日本经济产业省设定的 2020 年目标仅限于在自动驾驶汽车专用封闭道路上投入实际应用。自动驾驶汽车要在开放的公路上投放使用，前提需要取得社会（国民）的理解，还必须从根本上修改法律法规。

（BayCurrent 咨询　宫崎丈史）

"AI 律师"的真实工作状态：每天重复简单的作业

如今在一些需要专门知识或技能的领域，也在积极尝试引入人工智能（AI）：使用 AI 进行法人监察，曾一度成为人们热议的话题；AI 辅助医生进行图像、病理诊断也越来越常见；美国还推出了"AI 律师"。媒体宣扬：以往那些只能由具备相应资格、经验丰富、技能娴熟的人才能胜任的工作，如今也将被 AI 替代。但事实果真如此吗？

这里所说的 AI 律师是指美国大型律师事务所 Baker & Hostetler，通过引进 IBM 公司的 Watson 所构建起的 AI 系统，作为 AI 的代表性事例经常被人提及。该系统能帮助律师收集与自己案件相关的数千份案例，进行分析，提供必要信息。人们也正在考虑给此系统追加信息筛选功能，这样系统就能从邮件、文件、录音等庞大的资料中自动提取出可能成为有力证据的资料，帮律师赢得审判。

用于法人监察的 AI 目前还没有实际落地，但日本在这方面的研究和开发一直在向前发展。该系统能自动获取企业的账簿等交易记录，完成与实际交易情况的自动比对。将来该系统有望通过与平时的数量、价格对比，或与其他企业的账簿对比查找出企业的不正当交易或相关迹象。

在医疗领域，人们正积极考虑用 AI 看 X 射线、CT、MRI、超声波等片子，让 AI 进行初步诊断。此外人们也在积极开发能早期发现疾病的 AI，此类 AI 能收集、分析医学论文、患者既往病史和检查结果，根据所抽取结果锁定基因问题，做到疾病早发现。

律师	注册会计师	医生
大型事务所（美国）已引入 ✓ **收集、分析判例** 收集与案件相关的数千条判例，分析并提供必要信息	**商讨功能阶段** ✓ **收集、比对账簿** 收集检查对象的交易记录、账簿等，与实际交易情况进行比对	**商讨功能阶段** ✓ **辅助诊断** 分析 X 光、CT、MRI、超声波检查仪等的片子，为医生读片子提供辅助信息
商讨功能阶段 ☐ **筛选证据材料** 从邮件、文件、录音等众多资料中筛选有用证据供诉讼使用	**构想阶段** ✓ **检测假账** 通过检测异常单价、交易量等，发现不正当交易	**商讨功能阶段** ✓ **分析病因** 收集、分析医疗论文、患者既往病史、检查结果，推断病因，或实现早发现早治疗

AI 在"士师业"中的应用案例

　　笔者大致讲了一下 AI 在各领域的应用情况，相信不少读者已注意到，AI 的这些工作没有一项是要求具备高度技能或丰富经验的，它们所替代的都是些简单的作业。AI 律师从庞杂的资料中筛选相关判例，监察 AI 比对数据与实际情况，医疗 AI 分析图像、比对数据，只要有操作手册或工作方法指南，任何一个新人都能完成这些。

　　有读者可能会反问："这些工作不都需要专业知识和技能吗？"其实很多人都这样认为，其原因是人们并不真正了解这些业务的实际开展情况。其实，在 AI 尚未普及应用的今天，这些工作都并不是由律师、注册会计师、医生完成的。

　　在律师事务所，执业律师不会亲自搜集判例、搜集证据，这些工作一般交由律师助手完成。当然，大型律师事务所人才资源丰富，也可能会将此类工作交给新人律师处理。进行企业会计监察时，负责收集账簿、核对实际交易情况的实际上是监察助手；在医院，读片子进行初步诊断的并非医生，而是放射科的技师，医生只在初步判断的基础上进行诊断。

代替人类完成简单作业，AI 效果明显

一般说起教师、医师、律师、会计师等职业,在日本被统称为"士师业"。人们倾向于认为这类职业是优秀人才方能胜任的高尚工作。笔者认为这种误解正在加速"AI 谎言"的蔓延。在日本,谈到这些职业,通常人们会恭敬地称呼对方一声"老师",认为所有这些称得上"师"的人,必定具有某些常人所不具备的知识、技能或经验。

确实,就这些"师"们的主要工作内容来看,他们需要运用专业知识或技能,充分考虑相关者情况乃至日本现状进行综合性判断,其判断质量的高低直接反映此人业务水平如何。

但是他们在实际工作中并非经常做出此类判断,甚至可以说,只在极少情况下会用到专业知识、技能和经验。所有这些职业有个共通点,即在做专业判断前必须耗费大量时间和精力做调查、研究等前期工作。

此外这些职业的工作内容中还有一项特有内容,即公信力性质的工作。此类工作本身并不要求做事人具备多高的专业知识或技能,但政府出于维持社会秩序、提升便捷性等方面的考虑,硬性规定此类工作只能由具备资格的特定人群担任。

比如申请返还多缴纳的消费税就是这类工作的一个典型。很多人看电视广告时都能接触到这个,相信大家并不陌生。这类申请工作虽不能说完全不需要专业判断,但办理各种手续是其主要特点。其实申请人完全有能力自己办理这些手续,但是政府有规定,申请人只能委托行政书士或律师办理,不得亲自办理。

"士师业"领域中的 AI,不能胜任上述综合性判断工作和公信力性质的工作,它们将替代的是那些原本就无须"师"们亲自完成的工作,这类工作只要求业务熟练程度,不要求从事具备多高的专业知识、技能或丰富经验。

读到这里,也许读者会问:"你是想说在'士师业'中引入 AI 不会有什么明显成果吗?"笔者绝不是这个意思。笔者只想说,被 AI 取代的都是些简单工作。实际上笔者认为 AI 代替人类完成此类简单工作,效果将非常明显。

以往人们花费大量时间，从浩瀚的信息海洋中人工检索、筛选有用信息，而引入 AI 后能有效减少此类情况。不仅从高效率角度看 AI 的效果显著，而且从高价值角度讲效果也很明显。

在律师的工作中引入 AI，开庭前因时间原因调查不充分的问题将得以解决，帮助律师有充足的时间保证赢得审判；在监察领域，引入 AI 后有可能实现从抽样监察到全面监察的跨越；医疗领域也是如此，AI 将替代完成读片子、初步诊断等检查类工作，医生可以更多地投身于之前因经费、时间等原因未能研究的课题。

AI 在"士师业"中的应用效果

最重要的是，AI 能有效避免业务熟练程度不同所造成的人员业务水平的差异，减少由健康状况、精神状态等引发的人为失误，进而从根本上提升业务品质（当然，AI 在引入初期可能存在各种问题，此处的比较不考虑此类因素）。

再次强调，这种被称为 AI 的机器，并非超越人类掌握了某些更高技能、能完成那些人类无法做到的事情。引入 AI 确实能提升工作效率、创造价值，但是说到底机器"高效"完成的这些工作，人类花费些时间和精力也能自己完成。

"AI 剥夺年轻人的机会"是真的吗？

最后笔者想就经常被人问到的一些问题谈谈看法。"AI 代替一部分工作后，士师业领域的从业人数将缩减吗？""AI 代替了新手的工作，是否将剥夺年轻人的锻炼机会？"相信不少读者会有相同的疑问。

关于第一个问题：引入 AI 后，需要的人数将缩减吗？笔者的答案是No。之前笔者曾经说过，需要运用高度专业知识和技能的工作只占很小一部分，但除此之外还有其他工作将耗费大量时间，那就是与客户、患者等直接接触，了解他们有何困扰和需求。对于士师业而言，此类信息收集工作是综合判断的起点和基础。如果情况简单明确，相关信息可直接用于 AI 分析，将省心省力，但实际情况中这么省心的情况比较少有。就算情况简单明确，比如患者自己填写表格，从现实角度考虑，医护人员也不太可能专门抽出时间听病人介绍病情。

一些大医院、大型律师事务所引入 AI 提升效率后，确实会削减部分雇员，但从整体来看预计这些行业所需从业人数不会发生大变化。不过 AI 将承担大部分原来由律师助理、检查助理负责的工作，所以这些员工将面临裁员风险。

关于第二个问题：AI 是否将剥夺年轻人的锻炼机会？笔者的答案依然是 No。因为就算 AI 替代了部分工作，人们依然能通过其他工作获取相同的经验或知识，即被 AI 替代的工作所能提供的锻炼，人们通过做其他工作也能获得。而且，如果某项工作被 AI 替代了，那这类工作经验的存在价值也不大。

下边举例说明。例如财务工作以前是纯手工操作，人工计算过程中人的计算能力随之提升，期间还会接触到详细的数据，从而得以了解交易相关的各种知识。但是后来这类工作逐渐被电子计算器、Excel 表格所取代，也并未出现太大问题。

普遍担忧		实际情况（作者的观点）
需要的从业人员总数将减少?		• AI 能直接使用（收集、分析）的数据基本不存在 • 为此，"以 AI 能使用的数据形式，跟顾客 / 患者收集意见 / 病状"这类现存工作不会减少，所需人员数量基本没大变化
AI 将剥夺年轻人的锻炼机会?		• 伴随着技术进步所带来的自动化程度升级，工作 / 业务本身也将迭代升级 • 为此，之前所需的经验将变得不再必须，人们将获得锻炼适应新型工作 / 业务的新能力的机会

AI 将剥夺"士师业"类工作吗?

　　人们确实失去了锻炼手动计算能力的机会，但是这一技能本身也变得不再必要。想了解交易相关知识，可以通过其他途径获取。如果确有必要，甚至可以专门创造一些获取途径。相应人们使用电子计算器和 Excel 表格的技能不断提升，还能获取相应知识和经验。

　　也就是说，技术进步带来自动化升级，自动化升级引发工作迭代。相应人们所应具备的技能也将从之前的旧技能升级为新型工作所需的新技能。人们失去了在旧工作中锻炼的机会，却赢得了在新工作中提升自己的机会。笔者认为 AI 所带来的自动化也是这样。

（BayCurrent 咨询　宫崎丈史）

"HRTech" 陷阱：AI 消灭人事部？

"HRTech" 一词大约出现在 2016 年前后，指使用最先进的 IT 技术完成招聘、培训、考核、配置等人事相关的工作，其中就包括 AI 技术，甚至有传言称"未来 AI 将消灭人事部"。你们公司的人事部将被 AI 取代吗？

"HRTech" 由英文词汇 Human Resource（人力资源）和 Technology（技术）拼合而成，指 AI 等技术分析人事相关数据，辅助企业开展人事工作。同类词汇还包括 Fintech（金融与 IT 的结合）、Edtech（教育与 IT 的结合）、Agritech（农业与 IT 的结合），这些都是当下的热门话题。

据说最近一两年 HRTech 市场增长迅速，其业务范围涵盖招聘、劳务管理、人才管理、培训、配置等。大约两年前，HRTech 市场在日本得到人们的认可。在美国，仅相关软件一项的市场规模就高达 150 亿美元，还出现了估值 10 亿美元以上的独角兽企业。

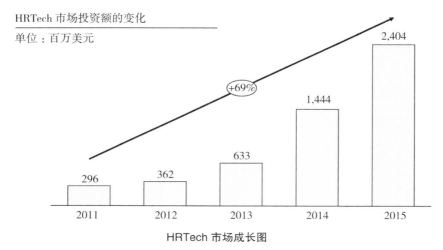

HRTech 市场投资额的变化
单位：百万美元

HRTech 市场成长图

（出处：BayCurrent 基于 CB Insights 2016 制作）

从前期招聘流程管理到后期业绩管理，HRTech 全程支援人事工作。招聘时它会自动记录应聘者的学历、工作经历和面试时的表现，日常广泛收集员工的业绩数据，分析员工与工作的匹配程度，挖掘提升能力、提高工作效率的潜力。

HRTech "破坏" 现有人事管理

有人听完这番说明也许依然会纳闷儿："早就有人事系统，二者有什么不同？""(人事)跟 AI 究竟有什么关系？"人事系统确实已有相当长的历史，是一种早在 20 世纪 90 年代就已存在的"古典"应用程序。之后为解决千年虫问题，人事系统逐渐被纳入 ERP 系统，成为它的一项功能。很多只做单一功能产品（如人事系统）的企业不断被做 ERP 的大型 IT 企业收购。其结果是，日本的人事系统市场达到饱和，其他 IT 企业再难涉足此领域。

2000 年左右，日本"年功序列"的人事制度开始崩溃，越来越多的企业开始以成果论英雄。外资企业不断增多，人们开始质疑"年功序列"制度的正确性。企业逐渐调整薪酬制度，根据能力和成果确定报酬。

相应的，"人才管理（Talent Management）"受到关注，它的内涵远超出旧有的考勤管理、人事信息管理。如今"年功序列"制度已成为过去，人才的流动性越来越高，对各领域而言，招揽人才且让人才为企业创造更好业绩成为一项非常重要的事。他们必须对每位员工的才能和专长有充分了解，将其放到最适合的位置，以提高生产效率。

猎头公司很好地抓住了这次机会，推出了人才管理方面的新服务。他们将应聘者的面试表现、入职后的工作表现等一系列信息储存到数据库，使用 AI 分析每个人最适合的公司和职位。该服务使用云存储，最低每月 10 万日元即可，价格相当便宜。

美国更先行一步，各种 HRTech 企业快速成长，他们的产品涵盖人才管理、HR 等多种服务，基本都是刚上线不久。他们使用 AI 分析数据以更低的价格提供与旧有 HR 系统相同或更优的功能，因此被看作是"破坏者（旧有行业或产品领域的破坏者）"。

人事领域中的各种服务

种类	服务内容
员工满意度评价	实施员工的满意度调查
人事评价管理	管理员工的目标达成情况、业绩
招聘程序	应聘者评价,管理采用程序
培训管理	制定人才培养计划,管理人才培训程序并做出评价
归属意识管理	管理员工对公司的归属意识、对工作的热心程度
诊断功能	检查匹配度、健康状况、精神状态等

AI 在人事领域的应用前景一片大好

相信大家已对 HRTech 有所认识,接下来谈一下 AI 在人事领域的应用。首先从 HRTech 企业宣扬的 AI 人事应用谈起,他们能实现如下功能:

第一,优化招聘程序。系统可以根据应聘者的学历、工作经历等数据制定最优的招聘程序方案。HRTech 企业称, AI 可以根据应聘者的学历、工作经历等信息设计问题,更好地测试应聘者是否适合招聘岗位,还可以计算出谁做面试官能更好地吸引人才。

以往大企业招聘时,主要通过应聘者的学历、工作经历推测其是否胜任,然后费尽苦心设计面试问题,对应聘者加以测试和考验。即便如此,依然经常能听到有人感叹"很难招聘到合适的人才"。这种情况在缺乏优秀招聘者的企业中尤其严重。由此可以推测,能优化招聘程序的 AI 将受到广泛欢迎。

第二,匹配人才和职位。在人才培养方面, AI 根据每位员工的业绩、行为特点等预测最适合他的部门和职位,进而确定他应该进一步强化哪方面的能力,制定相应的培训计划。

所以将来不会再进行以往那种整齐划一的集体培训,而是根据每位员工的素质和待强化点有针对性地个别展开培训。系统在培训前后还将对员工进行测试,以检验培训是否真正有效,并制定改进方案。

第三,劳务管理。AI 将通过上下班时间、迟到、休假、旷工、工作日程表、PC 使用时间、完成工作的速度等多方因素综合分析员工精神状态,进行合理的劳务管理。系统还能判断员工是否具有工作积极性，进而推断员工离职的可能性，制定应对方案。

当员工与当前的部门和职位不匹配时，如果 AI 能清晰分析该员工的工作状况及其他部门的相关要求，筛选出与之匹配的其他岗位，相信一定会有效降低公司离职率。创建战略部门时使用 AI，还有望打造一支"完美团队"。开展 M&A（企业合并·收购）时，很难有效掌握对方公司拥有哪些人才，人们期待 AI 有效解决此问题。

换句话讲，人们有望使用 AI 开展有针对性的一对一分析。AI 收集员工言行信息，分析每个人的特点，在此基础上进行合理预测。AI 能收集和分析之前不为人所知的信息，挖掘被埋没的人才。人们对 AI 的这些表现充满期待，甚至出现了"今后将不再需要人事部"的言论。

人们会接受 AI 的监视和评价吗？

不可否认，未来 AI 将被应用到人事工作。但是大家想在那样的企业里工作吗？有几个人会认为"企业这么在乎我，自己应该好好工作，领导冲我发火并非感情用事，而是基于 AI 的分析结果才这样的，都是为自己着想"？

相信很少有人能这么想，大多数人都很反感 AI 监视自己。AI 将监视手机和电脑上的操作等一切信息，分析个人行为。比如，我现在正在写稿子，AI 会分析我的行为，做出"写作水平差，请参加相关培训""熬夜严重，请注意作息"等评价。如果做某件事情会影响 AI 对自己的人事考核，那么是不是人们会想方设法欺瞒 AI？

AI 通过已有数据分析人的未来，对此人们也会颇感不舒服。AI 根据过去的数据预测未来，可信度很高，但是当人们想到自己未来的职业就这样轻易被 AI 决定，不免会难以接受。

假设 AI 已能进行相关评价、预测未来，即便如此，依然需要领导与当事人对话，用足够充分的理由说服对方，使之接受 AI 的评价结果。但是领导能否充分有效地解释 AI 所给出的评价结果，这是个问题。当 AI 的评价与员工的自我评价不一致时，领导不能简单甩手说："这是 AI 给出的评价结果，我并不清楚。"

换言之，AI 在人事领域的应用，理论上可行，却存在诸多现实性问题。如果"让 AI 分析数据，将其视为人事工作的辅助工具"，则 AI 将大有用处；如果是"完全依靠 AI"，将会招致员工不满，丧失员工对企业的信任。结果导致员工士气低沉，反而本末倒置。

再进一步讲，对于那些平时认真开展人事工作的企业而言，AI 不过是帮人完成了本职工作而已。他们听说"AI 改善了几百人的工作情况"这类 AI 的成功应用后，心里想到的只是"引入 AI 之前，你们是完全无作为呀"。

当然对处于快速发展期的初创企业而言，为最大限度降低人事工作的成本，HRTech 是不错的选择。但笔者不认为 AI 能解决全部人的问题。当用户向出售 HRTech 系统的 IT 企业抱怨，说"（系统）并不像你们介绍的那样好用"时，对方会说"那是你们人事部的问题"。

（BayCurrent 咨询　宫崎丈史）

"机器人顾问"的智能水平仅相当于电饭锅！

如今在 Fintech 走红的语境下，日本国内也出现了很多新型金融服务。Fintech 的主要应用包括：备受瞩目的运用区块链技术的虚拟货币；云家庭账簿、云会计等账户集合；移动支付等。在 Fintech 热潮中，很多证券公司推出了宣称搭载有 AI 的"机器人顾问"。

机器人顾问是指在托管账户管理过程中，AI 取代原来的理财规划师（FP）制定投资战略和投资组合，以及投资组合的再平衡。以往都是 FP 取得委托人授权后对托管账户进行管理的。

2000 年之前日本证券行业的商业模式主要是在股票、投资信托交易中收取中介费，但是最近包管账户（Wrap Account）在美国快速兴起，逐渐普及。机器人顾问能有效降低手续费、签约金等，人们希望它能推动包管账户进一步普及。

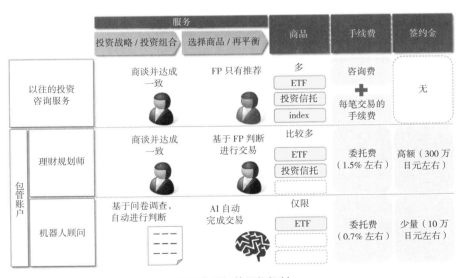

机器人顾问的运行机制

美国的包管账户管理资产总额 2016 年为 0.3 兆美元，有预测称到 2020 年这个数字将增长到 2.2 兆美元。在日本，伴随着包管账户的普及，机器人顾问也将增加。机器人顾问被人们寄予如此厚望，它是怎样应用 AI 的呢？

美国的机器人市场（未来预测）

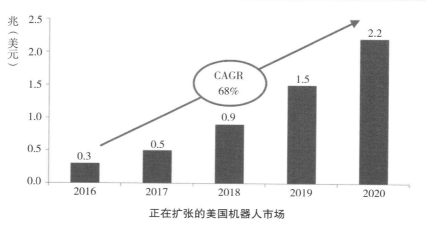

正在扩张的美国机器人市场

（来源：ATKearney report Hype vs.Reality_The Coming Waves of Robo Adoption）

机器人顾问搭载的是 "以前的 AI"

其实包管账户业务中的机器人顾问所采用的 AI 既非机器学习也非深度学习，而是像电饭锅、洗衣机那样，使用的是以前的 AI 技术。机器人顾问主要有以下两项功能：基于投资者状况调查结果制定投资组合，并进行投资组合的再平衡，以前的 AI 技术完全能够实现这些功能。

投资者状况调查是指，投资人回答一系列问题，比如投资目的是保本还是追求利润最大化等投资意向类问题及与投资人信息相关的问题，然后顾问根据投资者的回答安排投资组合。此类调查的问题和选项都不多，相应计算出的投资组合也就几百个，最多不过几千个，根本不值得使用机器学习或深度学习。

根据投资者的答案决定投资组合，并在此基础上调整投资分配。从性质上讲，人们不会容忍试错（＝错误）的情况发生，AI 也就没有学习的机会。不言而喻，一旦涉及资产管理，证券公司不可能跟自己的客户说："其实 AI 还在学习阶段，给您做的投资组合是错的。"

当然也可以考虑用之前的案例数据训练 AI，让它制定最佳投资组合，这不失为引入 AI 的一种形式。但是投资组合中所包含的产品一般只是股票、投资信托、ETF（上市投资信托）等有限的几种，因此分析所需数据的种类不多，而且由此导致的结果差异也不明显。所以专门引入机器学习，每次都更新投资组合的必要性并不高。

实际上，据笔者观察，目前并没发现哪家证券公司称其使用机器人顾问更新每个项目的投资组合，也没有见到相关成果。而且，几乎所有投资组合中的投资分配都是整数，人们并没必要高频率且高精确度地更新投资组合。

就投资组合再平衡，即调整投资分配而言，以前的 AI 技术也完全够用。因为投资组合再平衡的规则简单且固定，从调整频率来看最多不过每月一次。其实投资组合再平衡的规则一般取决于投资组合，因此没必要专门分析什么是最佳状态，只要将投资分配调整至与投资组合相配套就行。

假设调整投资分配的频率高于一天一次，或者需要为每位用户量身定

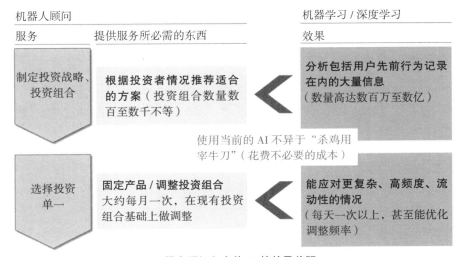

机器人顾问和当前 AI 的效果差距

制最优的调整频率，这时可以考虑引入机器学习。但如果只是每月一次的话，依靠程序的批次处理甚至靠人手工收集和分析也完全能应对。

机器人顾问所具有的功能，既不需要机器学习也不需要深度学习就能实现。机器学习和深度学习不但构筑系统时会耗费巨资，后续运转也离不开钱，从经济账考虑引入后反倒不合适。目前的实际情况是：基本都在使用以前的 AI。

商业困扰催生 AI 新服务

那么，既然以前的 AI 就能满足使用需求，为什么现在出现了那么多 AI 新型服务呢？主要有两个原因：首先是 Fintech 热潮。Fintech 热潮在欧美特别是在美国迅速普及，这一趋势自然也延伸到了日本。更严谨地说，Fintech 热潮其实跟 AI 热潮没多大关系。其次是日本金融厅的方针政策调整，导致日本证券行业的趋势发生改变。

在日本，如果没有事先跟投资者确认，证券公司是不能擅自进行交易的。但是，2004 年以后开始出现托管交易，前提是证券公司免收交易手续费。当时处于监管宽松时期，并没出现大的变化，后来，2014 年监管收紧，情况发生了巨大改变。

证券公司为赚取交易手续费，诱导客户进行投资信托的过剩交易。为抑制此类情况，日本金融厅加强了监管，因此导致证券公司急于建立新的盈利模式，纷纷将目光投向包管账户（托管交易）。2014 年后包管账户的热度迅速提升，预计今后也将迅速发展。

证券公司为扩大包管账户业务，将目标客户从原来的高端资本家阶层扩大到 20 岁至 40 岁有一定资产的人群。FP 接待后者的话，将入不敷出产生赤字，因此，证券公司为缩减人员开支想到使用机器人顾问接待次要客户，于是机器人顾问这类 AI 服务应运而生。

换言之，机器人顾问并非以 AI 为出发点开发出的应用，而是为解决证券公司的困扰才出现并发展起来的。因此，是否使用了 AI 这点对该服务的应用和普及影响不大。所谓"搭载 AI"，除部分初创企业的机器人顾

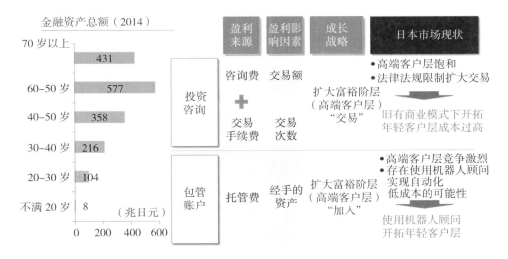

金融资产总额（2014）

年龄段	金额（兆日元）
70 岁以上	431
60–50 岁	577
40–50 岁	358
30–40 岁	216
20–30 岁	104
不满 20 岁	8

（兆日元）
0　200　400　600

盈利来源	盈利影响因素	成长战略	日本市场现状
投资咨询	咨询费 ＋ 交易手续费	交易额 交易次数	扩大富裕阶层（高端客户层）"交易"	• 高端客户层饱和 • 法律法规限制扩大交易 旧有商业模式下开拓年轻客户层成本过高
包管账户	托管费	经手的资产	扩大富裕阶层（高端客户层）"加入"	• 高端客户层竞争激烈 • 存在使用机器人顾问实现自动化低成本的可能性 使用机器人顾问开拓年轻客户层

日本证券公司使用机器人顾问的原因

［来源：日本财务省 2015 年 10 月末说明资料（继承税、赠予税）］

问产品外，其他不过都是宣传噱头，骗骗那些不懂 IT 的外行而已。

至此，笔者就 AI 机器人发表了些否定意见，但并不是说该领域今后也不会有机器学习和深度学习的应用空间。比如今后可以考虑让机器人顾问为高端客户提供更加细致入微的服务，或者让 AI 根据客户的个人记录推荐更优化的投资组合或更适合的金融产品。

"现在的 AI" 可应用于套利交易

把视线放大到整个证券交易市场，AI 的应用空间更为广泛。比如，机构投资者所进行的套利交易。套利交易是"以 98 日元的价格从 A 市场购进商品后同时在 B 市场以 100 日元的价格卖出，赚取之间的价格差额"的一种交易。也许有读者会质疑："哪里有这样的好事！"在证券行业里确实存在很多"一物多价"的情况，尽管价格差额微乎其微。

但是，想靠套利交易赚钱非常难。为找出能盈利的商品，人们需要长期追踪大量数据，而且股市时刻在变化，必须找到后马上进行交易。此外，交易一次所赚取的利润非常少，需要保证交易数量才能盈利，如此一来人员费用极高。虽然理论上讲套利交易稳赚不赔，但是要保证稳定收益极其困难，目前的现状便是如此。

如果使用机器学习或深度学习开展套利交易，很多问题将迎刃而解。AI 可以长期追踪大量数据，还能基于各种信息提前预测哪些商品可能盈利，而且使用 AI 还能做到快速、大批量交易。

诸如此类，虽不知要花费多少年，未来证券市场中很可能会出现各种高性能的 AI 应用，就像 Fintech 的应用那样。只是，从当前现状来看，AI 在证券市场中的应用仅限于机器人顾问。虽说是机器人顾问，实际上却像电饭锅、洗衣机一样，使用的是旧有 AI 技术，不过是装作先进科技产品的样子哄骗消费者罢了。

（BayCurrent 咨询　宫崎丈史）

别上 AI 诈骗的当，经营者也要懂技术

当前日本国内盛行将"不知何时才能实现的某种可能性包装成眼下马上要实现的样子"，这种做法甚至可以称为"AI 诈骗"。原因是引进 AI 的企业对人工智能（AI）没有充分的了解，认识仅停留在抽象层面，因此才给了 IT 企业可乘之机，交易谈判时 IT 企业会用"技术上可行"这类鬼话引诱客户。

当前的 AI 技术主要指机器学习和深度学习，二者间的区别可大致说成：机器学习是"人类事先制定评价标准，然后机器自行反复尝试，找到更符合评价标准的做法后自动更新之前的做法"的技术；而深度学习是"机器大量读取数据后，自己思考评价标准"的技术。以前的 AI 是"人类设定判断所需的必要模式，事先告诉机器怎么做"，与此相对，现在的 AI 是机器自动学习，找到做法和评价标准。这是二者的本质区别。

但是"自动学习"却导致 AI 技术不易于商业化应用。"自动"二字意味着 AI 自行决定做法和评价标准（人类不清楚其中的原理或机制），企业不可能只因为"统计上没问题"便将身家性命交给 AI，这成了阻碍 AI 发展的一项难题。训练机器、让机器学习时，需要大量质量合格的数据，这也将耗费巨额资金。

补充一点，企业不会因为"统计上没问题"就将自身命运交给 AI，这一问题在美国已引起重视，也有相应解决方案问世。最近硅谷一些初创企业推出了 AI 判断机制可视化的产品，用户可以了解 AI 是如何进行判断的。

此外还有一个更大的问题，自动学习的效果不能保证，结果不一定跟预期一致，只有先试着做了才能知道结果究竟如何。

最近备受媒体关注的 AI 应用案例也面临不少现实问题，有些甚至存在过度宣传的嫌疑。比如自动驾驶技术，从技术层面来讲实现的可能性很大，但是发生交通事故后应该如何处理等法律层面的问题尚待解决。

"自动驾驶商务研讨会"的报告已公布，但是实现自动驾驶的时间部分推迟了。关于第三级自动驾驶有这样的注解："关于现实性和实现时间，尚需在法律和技术层面进行更多讨论，故只暂定下大致目标。"2016 年公布的"官民 ITS 构想——路线图 2016"将实现自动驾驶的时间节点明确定为"自 2021 年起"。

企业引进 HRTech，本意是想提高员工的工作热情，但如果将人事考核工作完全交给 AI，却可能导致员工不接受 AI 对自己的考核结果，失去工作热情，结果事与愿违。"AI 律师"这类 AI 在"士师业"的应用，看起来很先进，实际做的却是些简单作业。机器人顾问使用的也不过是以前的旧版 AI 技术。

引入 AI 时应该考虑到的四要素

AI 是一项非常有潜力的技术，笔者对此毫不怀疑。但是如果人们什么都不做，光明前景并不会自己到来，现实情况是 AI 技术要实现，要实际落地，尚且面临很多难题。

企业考虑引入 AI 时，应该立足现状，想好用 AI 做什么，这点非常重要。笔者建议大家考虑是否引入 AI 时，应充分注意如下四点：

第一，越是管理层越应该加深对 AI 的理解，不要只停留在抽象层面，应该深入了解每个术语、每项技术的深层含义。技术人员就算不具体负责 AI 相关的工作可能也会自发地收集相关信息，细致学习。但是经营管理者甚至对机器学习、深度学习这类最基本的概念的理解也只停留在抽象层次，当前现状如此。

第二，就算管理层对 AI 有所了解，也限于抽象层次的了解。从技术角度讲，AI 可分为语音识别、图像识别、自然语言处理等；从学习方法角度讲，又可分为神经网络、强化学习等。每个分支都可以发展成一个业务领域。此外，AI 的分析方法等统计学知识多种多样，考虑引入 AI 时需要了解各种知识。

当然并不是苛求管理者要像技术人员那般精通技术，但是至少应该知道"使用的是什么技术""是什么运行机制""是怎样分析的""能做到什么，不能做到什么"，否则很难保证他做出的决策科学合理。

AI不同于ERP或以往的其他业务系统，并非搭建完系统就万事大吉了，后续还需要大量高质量的数据，保质保量的数据对于AI非常重要。而且，AI系统很有可能出现精确度低下、功能不佳等问题，需要人工解决。为此，管理者必须充分认识引入AI的必要性，在此基础上做出决策，不然失败的可能性会很高。

可能有读者会反问："会出现人为弥补AI功能缺陷这种情况吗？"现实中此类情况屡见不鲜。越是标榜新技术、新功能的产品，越有可能并非完全自动运转，需要人工弥补功能缺陷。

一般系统刚上线不久，容易出现此类情况，系统稳定后或系统升级后情况逐渐好转，将慢慢减少人工操作。但是逐渐实现自动化的过程中将耗费巨额资金，考虑到成本问题，决定一直沿用人工操作的企业也并不少。

乔布斯发表演讲，推出第一代iPhone时，开发工作根本没完成，别说销售，就连展示用的demo机水平也没达到。但是苹果公司却想尽办法，将iPhone伪装成能正常运转的产品，比如使用特殊电路，限定使用方法避免出现问题，将状态固定设置为正常等。

谈到这件事，多数人会选择善意接纳，认为发布会成功举办应归功于乔布斯，多亏他高超的演说才能。但笔者猜想也许乔布斯当时非常确信iPhone能正常上市，所以才敢在发布会上"弄虚作假"。事实上，正式发售时iPhone确实功能全部正常。可以说这件事佐证了一点：当预想的功能不能实现时，可以用人工方法进行弥补。

在考虑是否引入AI时，要考虑的第二个要点是提前明确引入AI的目的。再次强调，不管是机器学习还是深度学习，只有实际使用后才能知道效果如何。如果引入AI的目的不明确，只停留在"有效利用客户数据，提升客户满意度""提高员工工作效率"这种程度，一般收效不会太好。

引入AI时务必要想清楚具体用它做什么，自己追求的效果是"高效"还是"高价值"，需要改善哪部分业务以便得到预想的效果。

如果不能明确目的，AI 很可能重蹈 BI 的覆辙，引入后不能发挥作用，沦为摆设。就算使用后有效果，依然很危险。因为，一旦人们觉得使用 AI 轻易就能有所收效，于是漫无目的地对 AI 加以利用的话，很容易造成"人被机器操纵"。一旦出现问题或发生意外情况，往往不能有效应对，此类风险极高。

第三，引入前应考虑 AI 是否有效。虽说只有实际使用 AI 后才能知道其效果如何，但并不意味着不用提前"做功课"。除非要使用的技术、使用方法与标准案例一模一样，否则应该尽量预判 AI 的效果。

第四，充分认识数据的重要性和相关成本。AI 的生死掌握在数据手上。AI 不仅要求数据的数量足够多，还要求数据种类和质量必须达标。以旧有数据为例，数据的量可能非常可观，但是仔细分析会发现很多信息缺失，使用方法也不理想。引入 AI 前应该充分意识到：旧有数据并非直接拿来就能用。

规范财务数据的规章制度比较健全，财务数据相对规范。即便如此，收集财务数据依然会耗资巨大。云存储技术快速普及，有效降低了数据保管费，但是机器对数据结构有所要求，想满足机器要求必须进行数据维护、

利用 AI 时面临很多现实问题		（理想状态）讨论引入 AI 时的要点	
AI 得出结论的过程是"黑匣子"，不可视	AI"自动学习"，人类不清楚其原理或机制，很难将企业命运交给机器决定	管理层对 AI 的理解	管理层要做出恰当的决策，应该对 AI 的认识细化到术语、技术要素和运行机制等层面
准备质和量均符合要求的数据	准备质和量均符合 AI 使用要求的数据将产生大量成本	明确用途	提前明确想实现的功能、效果及用于什么业务
只有实际使用 AI 后才能知道效果如何	当前技术尚不成熟，不能满足要求较高的需求，效果是未知	引入 AI 前预判效果	除非要使用的技术、使用方法与标准案例一模一样，否则应该尽量预判 AI 的效果
		对数据的重要性和成本有充分的认识	充分理解保质保量提供数据的重要性，对管理运营成本有正确认识

讨论是否引入 AI 时的应考虑事项

定义所追加的属性，相关业务部门也必须严格按照规定输入数据。但是真正对数据管理的高成本有清晰概念的管理者很少。

比起机器学习和深度学习，应该选择"以前的 AI"

上述四点比较理想化，并未充分将现实情况考虑在内。实际上真这样执行的话，管理者的压力可能非常大。当然，是否引入 AI 事关重大，管理者应该优先考虑好这件事，承担起相关负担和压力也很正常。但是管理层也有很多其他难题需要处理，如果花费过多时间和精力在 AI 上，从回报率角度考虑并不可取。考虑到这些我想从现实角度提如下三点建议：

第一，套用已落地产品或解决方案。语音识别、图像识别等进行信息初次处理的 AI，市面上已经有实际产品。这类产品的性能至少能达到厂家所宣传的程度。

企业只需考虑此类产品的效果是否能达到自身要求即可。就算产品能实现的效果有限，完全可以让机器针对不足部分进行学习，这比自己从零开始储存数据强很多，能有效降低引入和运行 AI 的成本。

这么做需要和企业方进行合作，能否顺利跟合作伙伴交涉成功、达成合作将是一项考验。虽说如此，真能成功套用的话，无须太过考虑各种因素就能有效降低失败风险。

第二，把 AI 用于耗费大量人力和财力的基础业务，将其价值定位在提升效率上。AI 主要有两个价值：高效和高价值。想通过 AI 收获高价值，往往需要付出高额成本。如果是像自动驾驶技术那样能明确看到巨大效果倒也无妨，但是 AI 的一个重要特点就是"不试着用一下往往不知道效果如何"，这便导致 AI 价值不明。

将引入 AI 的目的定位于提高业务效率。越是高端科技，人们越希望借此追求高价值，比如孕育更高端的业务或服务。但是我们应该抑制这种想法，首先谋求提升现有业务的自动化程度和效率，因为这更容易收到成效。

第三，考虑以前的 AI 是否能满足自身需求，而非只盯着现在的 AI，即机器学习和深度学习不放。像机器人顾问那样，如果以前的 AI 完全够用的话，就没必要使用机器学习和深度学习，不然只会造成浪费。不要为引入 AI 而引入 AI，要多考虑是否有更省钱、更现实的替代技术。

以上，笔者从应有的态度和现实性两个角度讲了引入 AI 时应注意的三方面。希望大家在充分认识 AI 的重要性和重要地位的基础上明确自身态度，有效商讨，这样能避免上当受骗，让 AI 真正助推企业发展。

培养批判性思维，别上 AI 诈骗的当！

笔者介绍一下自己为什么对当前现状持批判态度，劝谏大家"别上 AI 诈骗的当"。我从事咨询行业，需要培养很多技能，其中之一就是批判性思维（Critical Thinking）。批判性思维在日语中叫"批判式思考"，但实际上日本国内并没有对此概念作太明确的界定。笔者将其定义为："听到别人某种意见或建议时，从反面思考反论是否成立，如果反论不成立，则证明对方的意见或建议正确。"这项能力对于开发新技术、开创新业务或新服务意义重大，是种很重要的思考方法。

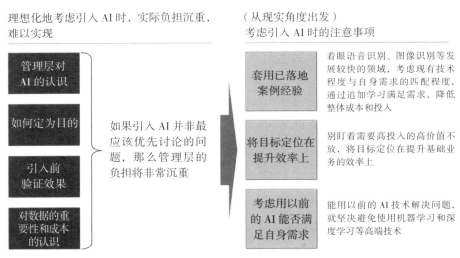

从现实角度考虑引入 AI 的几点要领

286

人之所以判断失误，很大一部分原因是"只看自己想看到的部分""凭主观好恶做判断"，用专业术语来讲就是"信念偏见（belief bias）""情绪启发式（emotional heuristic）"。没有谁能完全避免此类个人倾向性，因此这构成了干扰人们判断的一项重要因素。但是我们可以设定程序，避免信念偏见等的干扰，批判性思维就是这一过程中非常重要的思考方法。

对应 AI 来讲就是，面对"机器学习和深度学习技术前景一片光明""AI 将极大地改变世界""AI 的应用马上就要实现"等正面、肯定的观点时，从反面思考是否存在相反的可能性，进而验证正面观点是否成立，而且，很多技术实现方面的问题也将浮出水面。想创建更正确、更合理的新业务和新服务，正需要这样的思考过程。

人在做判断时不可避免地受到情感干扰，AI 将弥补人类在这方面的不足，辅助人们做出正确、恰当的判断。其实，作者十分期待这一天早日到来。

（BayCurrent 咨询　宫崎丈史）

图书在版编目（CIP）数据

一本书读懂人工智能 /《日经 xTECH》《日经计算机》,（日）松山贵之编；郝慧琴，刘峥译 .
—北京：东方出版社，2018.9
ISBN 978-7-5207-0512-7

Ⅰ . ①一…　Ⅱ . ①日…②松…③郝…④刘…　Ⅲ . ①人工智能—普及读物　Ⅳ . ① TP18-49

中国版本图书馆 CIP 数据核字 (2018) 第 166084 号

MARUWAKARI JINKOCHINO SAIZENSEN 2018 written by Nikkei xTECH, Nikkei Computer, Takayuki Matsuyama.
Copyright © 2017 by Nikkei Business Publications, Inc. All rights reserved.
Originally published in Japan by Nikkei Business Publications, Inc.
Simplified Chinese translation rights arranged with Nikkei Business Publications, Inc. through
Hanhe International(HK)Co., Ltd.

本书中文简体字版权由汉和国际（香港）有限公司代理
中文简体字版专有权属东方出版社
著作权合同登记号 图字：01-2018-2478

一本书读懂人工智能
（ YIBENSHU DUDONG RENGONGZHINENG ）

编　　者：[日]《日经 xTECH》《日经计算机》 松山贵之
译　　者：郝慧琴　刘　峥
责任编辑：陈丽娜　许正阳
出　　版：东方出版社
发　　行：人民东方出版传媒有限公司
地　　址：北京市东城区东四十条 113 号
邮政编码：100007
印　　刷：小森印刷（北京）有限公司
版　　次：2018 年 9 月第 1 版
印　　次：2018 年 9 月第 1 次印刷
开　　本：710 毫米 ×1000 毫米　1/16
印　　张：18.5
字　　数：240 千字
书　　号：ISBN 978-7-5207-0512-7
定　　价：69.80 元
发行电话：（010）85924663　　85924644　　85924641
